世界は素数でできている

小島寛之

角川新書

はじめに

皆さんは、「素数」をご存じでしょうか?

2、3、5、7、11、13、……と並んでいる数です。

素数とは、「割り切れない」数です。どのくらい割り切れないかというと、1と自分自身以外では割り切れないのです。だから、ある意味では、うとましい数です。たとえば、37個のチョコがあるとしましょう。このチョコを同数で分け合うためには、37人で1個ずつ分け合うか、あるいは、1人で全部食べるしかありません。37が素数だからです。全く融通がききません。チョコの個数が36個であれば、高い柔軟性が生まれます。2人でも3人でも4人でも6人でも、あるいは12人でも18人でも等分に分け合うことができるからです。

また、素数は、「ままならない」数でもあります。素数たちは、整数の中で、非常に不規則に分布しています。どのくらい不規則かというと、数学者が2000年以上も研究しながら、いまだにその法則を捉《とら》えきることができないくらい不規則です。天才数学者も手に負えないぐらい「ままならない」のが素数なのです。

だから素数は、「わくわくする」数です。数学者は言うまでもなく、一般の人をも惹《ひ》きつける魅力を持っています。素数にハマる人が後を絶ちません。かくいう筆者もまた、素数にハマっている素数マニアの一人です。

本書は、そんな素数について、総合的に解説した本です。本書の特徴を箇条書きにすると、次のようになります。素数に敬意を払って、素数で番号を振ってあります。決して、誤字・脱字ではないので勘違いしないでくださいね。

2. 素数のよもやま話をたっぷり盛り込んである。
3. 素数の歴史を網羅している。
5. 素数にハマった数学者の人生模様を描き出している。
7. 素数とネット社会を結びつけるRSA暗号について、詳しく解説している。
11. 素数と物理の関係にも触れている。
13. 素数の未解決の予想について、最新の進展を投入している。
17. 最難関の未解決問題リーマン予想について、わかりやすい解説をしている。
19. 素数をめぐる最先端の数学に入門できる。

そう、これ一冊で、素数のすべて(というと言い過ぎなら、ほとんど)がわかってしまうというわけです。まことにリーズナブルな新書と言えましょう。

今、この「はじめに」を立ち読みされているあなた。あなたも是非、本書で、めくるめく素数の世界を探索してください。そうすればあなたも、明日から素数マニアの仲間入りです!

2017年7月

小島寛之《こじまひろゆき》

世界は素数でできている　目次

【COLUMN】

第1部　素数のふしぎ

第1章　世の中は素数でいっぱい

これから、素数についてのお話を繰り広げます。素数とは、1と自分自身以外では割り切れない2以上の整数のこと。こんなに簡単な素数が、古代から人々を魅惑しているのです。この第1部は、「素数入門編」です。素数とは何か、どうして注目されるのか、数学者たちは何を見つけてきたのか、そんなことをお話ししましょう。

素数は数学の大スター

本書を手にとってみたのだから、読者の皆さんは、「素数」というのをご存じでしょう。そして、きっと興味を感じているはず。でも、念のため、素数とは何かを説明しましょう。素数とは、「1と自分自身以外に約数を持たない、2以上の整数」のことです。言い方を変えると、自分を使わない正の整数の掛け算では表せない数ということです。

最初の素数は2です。2の約数は2自身と1だけです。2番目の素数は3です。3の約数は3自身と1だけです。4は素数ではありません。4は、2×2と表せ、4自身と1以外に2という約数を持っています。偶数の素数は2のあとにはもうありません。2より大きい偶数は、自分自身と1以外に2を約数に持つからです。言い換えると、2以外の素数はすべて奇数です。もちろん、すべての奇数が素数なわけではありません。たとえば、奇数15は、3×5と表せ、15自身と1以外に3と5を約数に持ちますから素数ではありません。ちなみ

図 1-1　100までの素数

2	3	5	7	11
13	17	19	23	29
31	37	41	43	47
53	59	61	67	71
73	79	83	89	97

に、素数でない2以上の整数は合成数と呼ばれます。

10までの素数は、2、3、5、7の4個です。100までの素数を列挙すると、図1-1の25個となります。

表中の100までの素数をぼ〜っと眺めてみてください。非常に不規則に並んでいることがわかるでしょう。このような絶妙な不規則性が素数の魅力で、数学者や一般の人を惹《ひ》きつけます。素数は数学史上最大のスターなのです。

素数の発見はニュースになる

素数は、新聞でもしばしば話題にされます。

たとえば、2016年にも、こんなニュースが大きな扱いで報道されました。

「最大の素数、更新」（朝日新聞朝刊　2016年1月24日）

これは、2233万桁《けた》という巨大な素数が発見され、最大の素数の記録が更新された、という報道です。米セントラルミズーリ大のカーチス・クーパー教授が、世界中のコンピュータ一約800台をつなげて、計算によって確認した、ということです。

なぜ、巨大な素数が発見されるとニュースになるのでしょう。それは、単なる「科学上の発見」という理由からだけではありません。私たちの生活の中で、素数がとても重要な役割を果たしているからなのです。

皆さんも、ネット上でパスワードを使っているでしょう。パスワードとは、自分がそのIDの所有者であることを証明する文字列です。皆さんが入力したパスワードの文字列は、いったん数字に変換されて暗号化されます。実は、この暗号化には巨大な素数が用いられるのです。私たちのパスワードが他人に盗まれて悪用されることがないのは、巨大な素数のおかげなのです。つまり、巨大な素数の発見は、社会の安全性と関係するわけです。素数を使った暗号（RSA暗号）については、第5章で詳しく解説します。

クーパー教授が見つけた素数は、「メルセンヌ素数」と呼ばれる素数の一つで、「2のべき乗」から1を引いた数です。実際、この素数は「2の74207281乗引く1」になっています。現在、ときどき見つかる素数は、みなこのメルセンヌ素数というタイプです。なぜそうなのかは、76ページあたりで解説します。

素数に惹かれる人々

数学者だけでなく、一般の人にも素数マニアは多いようです。数字を見るたび、それが素数かどうかを確かめないと気が済まないような人たちが少なくありません。

たとえば、今年は西暦２０１７年、平成29年です。実は、２０１７も29も素数です。つまり今年は、「西暦と和暦が両方とも素数になる」珍しい年なのです。この発見を自慢する人を、友人にもネット上にもけっこう見かけました。こういうのが、素数マニアなのです。

レシートの金額や、自動車のナンバープレートの数字が素数かどうかを常に確かめる人も熱狂的な素数マニアです。

かく言う筆者も素数マニア。筆者は今年59歳、６年ぶりの素数の年齢だ、などとほくそえみます。温泉などに行くと、下駄《げた》箱やロッカーは必ず素数の番号を選びます。息子が幼少の頃に、「パパはなぜ、いつもロッカーの番号を選ぶの？」と尋ねられたことがあり、嬉々《きき》として素数のことを語りました。もちろん、こんな本を書いているのだから、素数マニアなのは火を見るより明らかです。

素数に一度でも興味を持った人は、一生ものの素数マニアになってしまうものです。

素数ドラマに関わる

世の中に素数マニアが多い証拠として、テレビドラマの題材に素数が取り上げられることを挙げることができます。テレビドラマで素数をテーマにするのは、もちろん、視聴者に素数マニアが多いことを物語っています。

筆者は、これまで2回、テレビドラマの数学監修をしたことがあります。一つはテレビ朝日の人気シリーズ『相棒』の一話、もう一つはテレビ東京のサスペンス・ドラマシリーズ『犯罪科学分析室　電子の標的』の一話です。

『相棒』は、高視聴率の刑事ドラマで、長年続いているシリーズです。このシリーズにおいて筆者は、2013年に放映された「殺人の定理」という回を監修しました。これは金井寛《かないひろし》さんのシナリオで、テーマは素数でした。

監修の話が来たときには、シナリオは完成していました。筆者が依頼されたのは、シナリオに出てくる、黒板の数式や、数学の論文などを作成する仕事でした。

ストーリーは、アマチュアの数学マニアが殺害され、犯人として天才数学者が疑われる、というものです。その数学者は、「ファーガスの定理」という超難問を解いて一躍脚光を浴びた学者と設定されています。

この「ファーガスの定理」というのは、実は、金井さん創作の架空の定理です。本当は最初、別の定理名だったのですが、局側のスタッフが検索をかけて同名の定理が実在すること が判明したため、名前を変更して「ファーガス」となったのです。テレビドラマとはいえ、きちんと裏を取っているものだ、と感心しました。

その「ファーガスの定理」の内容をどういうものにするかは、筆者に委《ゆだ》ねられました。そこで筆者は、バーチ・スウィナートン＝ダイヤー予想（ＢＳＤ予想）という現在も未解決の問題を模した定理として作成しました。ＢＳＤ予想は、第7章で解説するゼータ関数に関係する現在も未解決の予想です。賞金が用意されている6個のミレニアム問題と呼ばれる懸賞問題の一つ。解ければ、クレイ数学研究所から１００万ドルの賞金がもらえます。ちなみに、他の5個は、「P≠NP予想」「ホッジ予想」「リーマン予想」「ヤン・ミルズ方程式と質量ギャップ問題」「ナヴィエ・ストークス方程式の解の存在と滑らかさ」です。

クレイ数学研究所は、アメリカの個人研究所で、数学の発展のために創立されました。ミレニアム問題は、解けたと思ってもクレイ研究所にすぐに審査してもらえるわけではありません。まず、数学の学術誌に投稿して、査読をパスし、掲載されることが必要です。その上で、やっと審査委員会が立ち上げられるのです。

ちょっと脱線になりますが、インターネットの時代になって、アマチュアの数学愛好家たちが、自分の見つけた結果を簡単にアップロードすることができるようになりました。それはとても良いことではあるのですが、困ったことも引き起こしています。すでに多くの数学者が認めている結果が間違いである、などと主張する論考がアップロードされ、それを真に受ける素人の方が出ることです。まず、冷静に考えてほしいのは、歴史上のプロの数学者みんなが認めている結果が間違っていて、アマチュア1人の見解が正しいなどということは奇跡のようなことで、普通はありえない、ということです。査読にパスして専門誌に掲載された結果でないならば、鵜呑《うの》みにするのは時間の無駄なので、とりあわないのが無難です。また、自分の発見を世に認めてほしい場合には、まず数学の学会に入会し、査読付学術誌に投稿して審査してもらうのが正しい道です。単に専門家に送っても、まず読んではもらえないでしょう。

話を戻しましょう。

「殺人の定理」では、数学者が教室で行う講義の板書、研究室のホワイトボードの数式、被害者の部屋の壁になぐり書かれた数式、会社の書類裏のらくがきの数式など、たくさんのアイテムを作成しました。どれも、専門家が見れば、「ああ、あの式だな」とわかる、きちんとしたものを作りました。

この仕事で最も大変だったのは、被害者が過去に学術誌に投稿した論文の作成です。監督からは、「素数についての論文で、英語のものを数ページ分用意してほしい」と注文されたので、実際に論文作成ソフトで本物の英文論文を6ページほど作成しました。内容は、既存の素数についての定理ですが、あまり知られていないものを用いました。非常に大変な作業だったのですが、放映ではほんの一瞬映っただけなので拍子抜けしました。また、天才数学者の論文も20ページほど日本語で作成したのですが、突然、監督さんから、「英語にしてほしい」という無茶な注文が飛んできて、慌てて英語の論文に書き換えました。ドラマの美術とは、一瞬しか映らないものでもこんなにも緻密《ちみつ》に作られているのか、と感心しました。

筆者が関わったもう一つの作品は、2016年に放映された「電子の標的2」という濱嘉《はまよし》之《ゆき》原作のシリーズ2作目です。物語は、細菌学の博士が焼死体で見つかって、博士が培養したと見られるウイルスに感染し死亡する人が出始める、という展開です。ウイルスは、殺人犯が無差別にばらまいており、それを材料に警察をゆするのです。

この作品で筆者が注文を受けたのは、「博士が学生に出題している素数についての問題」20問とその解答です。さらには、そのうちの1題を超難問にし、しかも、答えの形式を監督の要求にかなうものにしてほしい、ということでした。その超難問は、実は、事件解決に非常に重要な役割を果たす問題で、ドラマのメイントリックとなるアイテムなのです。

筆者は、20問の素数についての問題をかき集め、解答を作りました。最も大変だったのは、監督が指定した超難問です。監督からの要求は、答えが「○○＝○○＝○○」という形の式となるようにしてほしい、というものでした。こういう形式が解答となるような数学問題は、普通はないので、非常に当惑しました。完成したドラマを観て納得したのですが、「絵的」にそういう等式が映える、ということだったようです。

筆者は悩んだ末、ラマヌジャンという数学者が発見した素数に関する等式を問題化しました。ラマヌジャンは、インド出身の数学者で、たくさんのふしぎな式を発見した天才です。ラマヌジャンも第2章、第8章やコラム3、4に登場します。

このラマヌジャンの等式はかなりマニアックなものですし、画面には一瞬しか映らなかったので、視聴者の誰にもわからないだろうな、と高を括《くく》っていました。しかし、ネットの掲示板を閲覧してみたら、匿名の投稿者がその等式の正体にある程度気づいたらしい書き込みをしていてびっくりしました。世の中にはこういう素数マニアがごろごろいるので、あなどれません。

映画にも素数

筆者が関わったわけではありませんが、素数をテーマにした映画もついでに紹介しておきましょう。それは、『容疑者Xの献身』という映画です。

『容疑者Xの献身』は、東野圭吾《ひがしのけいご》原作の推理物です。犯人は最初からわかっていて、高校の数学教師の石神《いしがみ》という男です。石神は、探偵役の物理学者・湯川《ゆかわ》准教授（通称ガリレオ）のかつての同級生でした。石神は、学生時代は数学者を目指していた天才でしたが、家庭の事情で学者の道を断念した男です。彼は、隣人の母娘が犯した殺人を隠蔽《いんぺい》する工作を行います。湯川は石神の関与を疑い、石神がかつての優秀な頭脳のままなのかを確かめようとします。そのために、ニセの論文を与えるのです。それは、「リーマン予想の反例を与えた」、という触れ込みの論文でした。

リーマン予想というのは、BSD予想と同じく、現実のミレニアム問題です。数学者リーマンが提唱していまだに解決されていない素数に関する難問なのです。リーマン予想については、第2章や第7章で詳しく解説します。

石神は嬉々として論文を精読し、論文の間違いを発見します。それを見た湯川は、彼がまだ頭脳明晰《めいせき》なままであることから、犯人だと強く疑うようになるのです。

映画では、その間違い論文がちらっと映ります。この映画の数学監修をしたのは、東京工業大学の数学者・黒川信重《くろかわのぶしげ》さんです。黒川さんは、リーマン予想研究の第一人者で、世界的権威です。筆者は、黒川さんと何回も一緒に出版の仕事をし、親しい間柄にあるので、この映画の監修について直接にお話を伺いました（参考文献［1］）。映画で利用したニセ論文は、黒川さんとお弟子さんで作成したもので、1カ所間違いを仕込んだ以外は全くきちんとした論文だそうです。そして、石神がところどころに貼っていく付箋《ふせん》も、黒川さんたちが用意したものです。このように、この映画でも、材料となる数学をリアルなものとするような努力が払われているのです。映像界は、想像以上にしっかりしています。

原作者の東野氏は売れっ子の推理作家ですが、小説で数学を題材にする際に素数をネタに選んでいます。このことでも、素数こそが数学の華、ということが再確認できます。

中学生で素数に目覚める

筆者が素数に目覚めたきっかけをお話ししましょう。

筆者は、小学生のときは、算数にも素数にも全く興味がありませんでした。興味を持ったきっかけは、中学1年生の遠足のときでした。

遠足では、たまたま担任の先生と並んで歩きました。担任は数学の先生でした。先生は唐突に、「小島、素数だけを作る式を作り出したら、ノーベル賞もらえるぞ」と言ったのです。それを聞いて、「なんだ、そんなことでノーベル賞がもらえるなら、たやすいものだ」と考えました。中学1年生だから、まだまだ純粋無垢《むく》だったのです。二重の意味で先生にかつがれたことに気づくのに1年以上もかかりました。

筆者は、ああでもないこうでもない、といろいろな式を作っては、それで算出される数が素数となるかどうか判定しました。中学生の考えつく式なのでたかが知れていますが、素数だけが出てくる式というのはなかなか難しいことがわかってきました。暗礁に乗り上げた筆者は、やっと、素数に関する本を読みあさり始めました。そして、先生にかつがれたことを悟ったのです。

第一に、素数だけを作り出す式は2000年以上も未解決の、数学史上最大級の難問でした。本書でもいくつか出てきますが、素数だけを作る式には、有名数学者たちが挑んだにもかかわらず、誰も成功しなかったのです。たとえば、スイスの数学者オイラーは、nの2乗足すn足す41という式（n^2+n+41）を考案しました。nを0とすると、値は$0+0+41=41$で素数です。nを1とすると値は$1+1+41=43$で素数です。nを2とすると値は$4+2+41=47$でこれも素数です。驚くべきことに、この式はnが0から39まで40個も連続して素数を生み出します。しかし、nを40とすると、値は41の倍数となってしまい、素数とはなりません。オイラーでさえできなかったのだから、とても中学生の手に負える問題ではなかったのです。

第二に、なんということか、ノーベル賞に数学分野はありませんでした。だから、仮に問題が解けたとしても、ノーベル賞なんかとれるはずがないのです。「やられた」と、先生のいじわるに気がついたわけです。

しかし、1年も素数と格闘したことで、筆者に決定的な変化が起きました。素数ファンとなってしまったのです。それからは、図書館や書店で手に入る限りの数学書を読みあさり、独学で高校までの数学は習得してしまいました。そうして、「大学では数学を専攻したい」という夢を持つようになったのです。そういう意味で、筆者をかついだ数学の先生には感謝しなければなりません。

素数ゼミのふしぎ

素数が自然界と関係している有名な例として、素数ゼミを挙げることができます。アメリカには13年ゼミ、17年ゼミと呼ばれるセミがいます。文字通り、それぞれ13年周期、17年周期で大発生するセミたちのことです。日本のセミが毎年出てくるのとは異なり、これらアメリカのセミは長い周期で発生するのです。たとえば、２００４年にワシントンで17年ゼミが大発生しニュースになりました。どのくらいの大発生かというと、１００メートル四方に40万匹というおぞましいありさまだったそうです。

注目してほしいのは、13や17が素数だ、という点です。セミが素数を「知っている」というのは驚くべきことです。数学者の加藤和也《かとうかずや》さんは、数論の第一線の研究者ですが、この点について非常に面白いことを言っています（参考文献［2］）。加藤先生曰《いわ》く、「そこで思いおこされるのはチルソニア星人である。私の息子の所持する『ウルトラマン怪獣大全集』を見ると、チルソニア星人はセミから進化した宇宙人であり、彼らの星では、我々の星よりも、数論がずっと進歩しているかもしれない」。

アメリカのセミたちは何かの理屈によって、素数の周期で大発生するのでしょうか。生物学者の吉村仁《よしむらじん》さんは、次のように説明しています（参考文献［3］）。

素数ゼミの起源は氷河期に求めます。氷河期には、温度が低く、樹木から栄養を吸いにくくなるため、必然的に幼虫として地面の中にいる期間が長くなりました。それが、13年や17年という長い周期の一つの説明です。ただし、長いだけなら12年とか15年でもよいはずで、素数である必要がありません。素数となったのは交配に原因がある、と吉村さんは推測しています。

氷河期には、栄養不足と低気温のため、地面の中で死んでしまうセミが多くなります。それゆえ、地表に出たセミはできるだけ交配して子孫を作る可能性を高める必要があります。進化論的に言い換えれば、そうでないと種が絶滅してしまったはず、ということです。

そこで、セミたちは地面で長い年月を過ごしたあと地表に出た際に、同じ種だけで交配できるようにするのが正しい戦略となります。異なる種で交配すると、異なる周期で地上に出る新種のセミができてしまい、地上に出たとき個体数が少なすぎて十分に子孫を作れないからです。

そういう理由から、異なる種のセミは異なる周期で地上に出て、しかもそれが同じ年に重ならないようになりました。それが、素数13と17の秘密だというのです。この２数の倍数で最小のものは13×17＝221ですから、２２１年ごとにしか同時大発生をしません。13と17は共に素数なので、両方の倍数になる数は積の倍数でなければならないので、大きな数となります。他方、12年と15年だと、60年ごとに発生が重なってしまいます。12と15は、共通の約数３を持っているため、両方の倍数となる数は積より小さくて済むのです。13年と17年なら、２２１年経つまでは、13年ゼミが大発生したときは13年ゼミしかいないので同種同士の交配となり、17年ゼミも同様となります。これが、素数ゼミの秘密だと吉村さんは結論しています。自然淘汰《とうた》されないための進化が素数周期だというのは、大変面白いことですね。

素数はどんどん少なくなる

素数は１００までに25個あるので、割合は25パーセント、４個に１個存在します。しかし、範囲を広げていくと、素数の割合は急速に小さくなっていきます。素数のパーセンテージを表にしたものが、図１－２です。

表の最後の段を見ればわかるように、１００万まででは、たったの約８パーセントの割合

図 1-2　素数のパーセンテージ

範囲	素数の個数	パーセンテージ
1 ～ 100	25 個	25%
1 ～ 1000	168 個	16.8%
1 ～ 10000	1229 個	12.29%
1 ～ 100000	9592 個	9.592%
1 ～ 1000000	78498 個	7.8498%

しかありません。100個に8個しか存在しない、ということです。このように、素数のパーセンテージはどんどん小さくなっていきます。ということは、非常に大きな数では、素数を見つけるのがとても困難になる、ということです。だから、大きな素数が見つかるとニュースになるのです。

素数が少なくなる理由は、こうです。すなわち、2より大きい整数では、2の倍数は素数になれません。2を約数に持つからです。3より大きい整数では、2の倍数も3の倍数も素数にはなれません。4より大きい整数では、2の倍数も3の倍数も4の倍数も素数にはなれません。このように、kより大きい整数では、2からkまでのどれかの倍数であるような数は素数になれません。したがって、大きな整数になればなるほど、素数になれない数の割合は増加していきます。逆に見れば、大きな数になるほど、素数の割合は小さくなる、ということです。

素数に簡単な規則はない？

このように、大きな数ほど何かの倍数になる可能性が高くなることから、素数の規則が発見できないでしょうか。つまり、「素数でない数」を除去していくことで、素数の規則を裏側から発見することが可能か、ということです。

残念ながら、真相は逆です。裏側から見ると、素数の規則を見つけることの困難さが浮きたつことになります。

先ほど説明したように、3より大きい数の場合、2の倍数と3の倍数は素数になれません。単純に考えると、整数のうちの半分が偶数で、三つに一つが3の倍数なので、1からnまでのうちの半分と3分の1を、素数でないとして取り除けるような感じがします。しかし、そうではないのです。6の倍数は、2の倍数と3の倍数の重なりになります。したがって、今の除去では、6の倍数を二重に取り除いてしまうことになります。

取り除く倍数の種類を増やすと、議論はもっと混乱してきます。たとえば、4より大きい整数については、4の倍数も取り除くわけですが、4の倍数はすべて2の倍数ですから、偶数を取り除いた時点で、すでにすべて取り除かれています。また、6以上の整数に対しては、5の倍数も取り除くわけですが、この場合、10の倍数は2の倍数と5の倍数の重なり、15の倍数は3の倍数と5の倍数の重なり、30の倍数は2の倍数、3の倍数、5の倍数すべての重なり、などとなって、除去すべき倍数の正確なカウントが複雑になりすぎてしまいます。

このように、倍数の除去を考えると、素数の出現がいかに不規則か想像できるのです。

末尾を見て素数かどうかがわかる？

素数か否かを見破る簡単な方法はあるでしょうか。実は、あるパターンの数は、「素数でない」と簡単にわかります。以下、この節では、2桁以上の整数 n を考えます。

n の末尾が0、2、4、6、8という偶数なら、n は偶数ですから素数ではありません。また、n の末尾が5なら、n は5の倍数なので素数ではありません。したがって、n が素数になるには、末尾が1、3、7、9のいずれかでなければならないということがわかります。

しかし、末尾が1、3、7、9のいずれかであっても、素数とはいえません。たとえば、21、33、27、39はみな3で割り切れるので素数ではありません。末尾では、「素数でない」ことは確信できますが、「素数である」ことは判定できない、ということです。

素数判定のルート法則

それでは、与えられた整数 n が素数かどうかを確実に決定するにはどうしたらよいでしょうか？　ここでは、最も素朴な方法を紹介しましょう。

nが素数でなければ、2から$n-1$までの整数で順にnを割ってみれば、どれかで割り切れます。途中で割り切れることで「素数でない」ことが確認できます。たとえば、91を、2で割り、3で割り、4で割り、と順に試していけば、7で割ったときに商が13となってぴったり割り切れます。これで91が素数でない、とわかるわけです。他方、97は、2で割り、3で割り、4で割り、と順に試していっても、96までずっと割り切れません。こうなれば、97の約数は97自身と1だけとわかるので、97が素数と判定できます。

しかし、96まで割り算をする必要があるのでしょうか？　実はそうではないのです。10より大きい数を試す必要はありません。

もしも、仮に97が素数でなくて、2以上の整数aとbで、$a \times b$と表せたとします。このとき、aもbも両方10以上のことはありえません。もしそうなら、$a \times b$は$10 \times 10 = 100$以上となって97が１００以上の数となってしまうからです。したがって、aかbかは10未満であるはずです。だから、9まで割り算してみて割り切れなければ、97を素数と判定できます。96まで割り算を続ける必要はなく、9で割り切れない時点で素数と判定できるわけです。

今の議論によって、次のことがわかります。

▼素数判定法
nを2から順に整数で割っていって、$\sqrt{n}$以下の整数まで割り切れないなら、nは素数と判定できる。

ここで、$\sqrt{n}$は「ルートn」と読みます。nの正の平方根のことで、2回掛けてnとなる数のことです。

理由は、さっきの議論を一般化することでわかります。

今、nが素数でなく、2以上の整数aとbによって、$n=a\times b$となったとします。もしも、aもbも$\sqrt{n}$より大きいなら、$a\times b$は$\sqrt{n}\times\sqrt{n}$より大きくなります。ルートnは2回掛けてnとなる数、つまり、$\sqrt{n}\times\sqrt{n}=n$なので、$n=a\times b$ではこれは不可能なのです。したがって、約数aかbの一方は$\sqrt{n}$以下とわかりますから、$\sqrt{n}$以下の整数で割り算してみて割り切れないなら、nは素数とわかります。

実は、どんな整数nにも通用する素数判定法で、これより簡単なものはありません。したがって、nが十分大きくなると、素数と判定する手続き「2から順に$\sqrt{n}$以下の整数までで割ってみる」は、非常に時間がかかる作業になってしまいます。これが、大きな素数を見つける困難の原因であり、逆に言えば、素数を使った暗号（RSA暗号）がセキュリティに使える理由でもあるのです。これらのことは、第5章で詳しく解説します。

さて、読者の皆さんも、これで素数入門を果たしました。次章では、歴史上有名な数学者の素数へのアプローチを紹介しましょう。

第2章　素数にハマった数学者たち

第1章では、一般の人に数学マニアがたくさん存在することを説明しました。しかし、素数にハマる、といえば、それはもちろん数学者たちです。本章では、素数にハマった数学者たちの歴史を追ってみます。そうすることで、素数の歴史も浮き上がるのです。

素数が無限個あることを示したピタゴラス

第1章・27ページで、素数のパーセンテージ表を示し、「大きい数になると素数はだんだん少なくなる」ということを解説しました。そこで興味がわくのは、素数はどこかで途切れてなくなってしまうのか、それともいつまでも出てくるのか、という問題です。言い換えると、「素数の個数は有限個か無限個か」という疑問です。

これは難しい問題に見えますが、すでに2000年以上も前に解決されています。紀元前300年頃のギリシャの数学者ユークリッドの書いた『原論』という本に、「素数は無限個存在する」という定理の証明が書かれているのです。

この『原論』という数学書は、幾何学の定理を「体系的に証明した」ものとして有名です。ユークリッドは、証明を基礎に据える現代の数学の創始者と言っても過言ではありません。

また、中学で教わる論証幾何（たとえば、「三角形の合同条件」などといったものがそれにあたります）は、ユークリッドが生み出したものです。

ユークリッドの『原論』は、幾何だけでなく、整数の性質についても、さまざまな定理とその証明を与えています。素数が無限個存在する証明もその一つです。証明は第9巻に載っています。2000年以上も前にこのような証明が記録された、というのは驚異的なことと言えるでしょう。

実は、素数が無限個あることを最初に発見したのは、同じく紀元前ギリシャのピタゴラスではないか、と考えられています。ピタゴラスは数学者で、かつ、宗教の教祖でした。ピタゴラスは、「数」を崇《あが》め、「数」について多くの研究をしました。最後は、反対勢力の焼き討ちにあって、非業の死を遂げたと言われています。ユークリッドはピタゴラスより200年くらい後の人なので、素数についての定理は、ピタゴラスの成果をまとめたのではないか、と考えられています。

素数を次々と見つける方法

ピタゴラスによる証明は、「素数が無限個ある」ことばかりではなく、「どうやって無限個の素数を見つけるのか」も与えられるので、非常に優れた証明方法でした。

まず、最初の素数2があります。

次に、2＋1を計算します。これは3で、2とは異なる素数です。

その次は、今得られている2個の素数、2と3、を掛け合わせて1を加えます。2×3＋1＝7ができます。大事なことは、この数が、掛け合わせた2でも3でも割り切れないことです。なぜなら、2×3は2の倍数でかつ3の倍数ですから、1を加えると2の倍数からずれ、3の倍数からもずれます。したがって、この7は、実際に割り算しなくても、2でも3でも割り切れない、とわかるわけです。ということは、7の約数には2、3以外の新しい素数が含まれるはずです。つまり、2とも3とも異なる新しい素数が見つかります。実際、7自身がその新しい素数にあたります。

もう一歩進みましょう。今、見つかった三つの素数、2と3と7を掛け合わせて1を加えます。2×3×7＋1＝43ができます。2と3と7の積に1を加えているので、この43は2の倍数とも3の倍数とも7の倍数ともずれています。ですから、43の約数には、2、3、7以外の素数が含まれるはずです。それが43自身です。これで、4個の素数、2と3と7と43が見つかりました。

もう1回だけやってみます。今までに求められた4個の素数、2と3と7と43を掛け合わせて1を加えましょう。

2×3×7×43＋1＝1807

今までと同じ議論から、この1807の約数には2、3、7、43以外の素数が含まれます。

この場合は、これまでと異なり、1807は素数ではありません。2、3、……で順に割っていくと、13で初めて割り切れることがわかり、素数13が見つかります。今までに求められている4個の素数とは異なる新しい素数13となります。

この手続きを継続すれば、いくらでも新しい素数が見つかることは明らかでしょう。このシステムをきちんと書くと次のようになります。

(i)素数2からスタートする。

(ii)すでに見つかっている素数をすべて掛け、1を加え、できた数の約数のうち、1より大きい最小の約数を求める。それが新しい素数を与える。

(iii)新しく見つかった素数をリストに加え、(ii)に戻る。

以上で、素数がいくらでも見つかること、すなわち、無限個存在することが示され、具体的にどうやって見つければいいかも与えられています。

ここで、第1章の筆者の体験談を思い出す読者がいるかもしれません。そこでは、「素数だけを作る計算はいまだに見つかっていない」と言いました。これはその計算にあたらないのでしょうか？

そう、残念ながら、この方法は素数を見つける「実用的な」方法ではありません。このシステムでは、(ii)の掛け算でいずれ巨大な数ができてしまい、その約数である素数を見つけるのに手間がかかるからです。

実際、1990年代では、この方法で43個までは素数を具体的に見つけることができていましたが、44回目の掛け算が巨大すぎる数になるため、その素数の約数を見つけることがなかなかできませんでした。それが達成されたのは2010年のことで、68桁《けた》の素数が44番目の素数として追加されたそうです。もちろん、これらの計算はコンピューターを用いて実行されています。2015年時点では、51番目まで計算が済んでいる段階だそうです。52番目は335桁の数の素数の約数を見つける必要があって、非常に時間がかかるとのことです（参考文献［4］）。ちなみに、第1章の『容疑者Xの献身』のところで登場した数学者・黒川信重さんは、「このピタゴラスの方法で、すべての素数が見つかる」と予想していますが、「その証明は著しく難しいだろう」とも述べています。

素因数分解とユークリッドの互除法

ユークリッドは「素数が無限個ある」以外にも、素数に関係する定理をいろいろ証明しています。特に重要なのは、次の基本定理です。

▼算術の基本定理
2以上の自然数は、必ず、素数だけの積で表すことができる。しかも、順序を無視すれば、その表し方は一意的である。

自然数を素数の積で表すことを「素因数分解」と呼びます。この定理は、「素因数分解が必ず可能で、しかも唯一である」ことを意味するものです。2以上の整数が、素数の積で一意的に表わせるということは、素数が原子のような役割を果たすことを意味します。すべての物質が原子を組み合わせて作られていることと対応するからです。ただし、原子が100個程度であるのに対して、素数は無限個あるのが異なります。

ユークリッドは、約数・倍数の概念を発展させて、最大公約数と最小公倍数という概念を生み出しました。aとbを自然数とするとき、aとbの共通の正の約数で最も大きい自然数を最大公約数と言います。また、共通の正の倍数で最も小さい自然数を最小公倍数と言います。

最大公約数は、素因数分解から求めることができます。たとえば、126と98の最大公約数を求めたいなら、双方を素因数分解します。

そして、双方の素因数に共通する素数を（重複も含めて）すべて抜き出し、掛け算します。

126＝2×3×3×7, 98＝2×7×7

双方に共通なのは2が1個、7が1個ですから、

2×7＝14

この14が１２６と98の最大公約数となります。

二つの大きな整数に対して最大公約数を求めることは、現代では、簡単にできます。これまで、大きな数の素因数分解は困難だ、と解説してきましたから、これは変だと思われることでしょう。しかし、2数の最大公約数を求めるには、実は素因数分解を経由しない方法があるのです。それがユークリッドの書き残した「ユークリッドの互除法」と呼ばれる有名なアルゴリズムなのです。このアルゴリズムは、人間には手間がかかりますが、コンピューターにやらせるなら、簡単な手続きです。

「互除法」という名からわかるように、互い違いに割って余りを出す方法です。具体例を見てみましょう。先ほどの、１２６と98の最大公約数を求めてみます。このとき、１２６を98で割って余りを出します。

126÷98＝商1　余り28

次に、98を余りの28で割って余りを出します。

98÷28＝商３　余り14
さらに、28を余りの14で割って余りを出します。
28÷14＝商２　余り０
　ここでちょうど割り切れて余り０となりました。このとき、最後の除数の14が最大公約数となるのです。実際、さっき素因数分解で求めた最大公約数と一致していますね。
　このユークリッドの互除法は、「割って余りを出す」だけの計算ですから、コンピューターを使うなら簡単です。高速で最大公約数を算出することができるのです。実はこのことが、後の章で、素数を使った暗号に対して重要な意味を持つことになります。

エラトステネスのふるい

　素数の研究に名を残した次なる数学者はエラトステネスです。エラトステネスもギリシャの数学者で、ユークリッドの少し後、紀元前２００年代に活躍しました。

　エラトステネスは、地球を球形だと考え、その周長を計算したことで有名です。アレキサンドリアとシエネという二つの都市での正午の太陽の位置と、二都市間の距離から、地球の周長を計算したのです。実際の数値にきわめて近い値を突き止めた、というから驚きです。

　エラトステネスが素数に名を残したのは、「エラトステネスのふるい」というものを考案したからです。これは、素数を次々と見つけていくアルゴリズムです。ちなみに、「ふるい」というのは、粉・砂などの細かいものを、小さな編み目を通して落とし、選《よ》り分ける道具の名称です。本書では、「ふるい」はこの後も登場します（95ページ、165ページなど）。

各整数が素数かどうか判定していけば素数が見つかることは、第1章の最後で説明しました。これは与えられた整数を2からスタートして、そのルート数までの整数で、次々と割り算してみるアルゴリズムです。この方法は、確実であるものの非常に手間がかかります。一方、先ほど解説したピタゴラスの方法は、すぐに掛け算が巨大となってしまい、全く実用的ではありません。

それに対して、エラトステネスのふるいは、ある程度の大きさまでの素数をすべて求める方法としては、なかなか効率的なアルゴリズムなのです。

図2－1の表を見てください。この表は整数を1から順に並べたものです。

はじめに素数でない1を消します。すると最初に見つかる2は素数です。次に、2以外の2の倍数はすべて素数ではないので、それらを消します。偶数は規則的に並んでいるので、一列おきに縦の線を引くことで簡単に消すことができます。次に最初に残っている3は素数です。そこで3以外の3の倍数をすべて消します。これも規則的に並んでいて、斜めの線で消すことができます。次に最初に残っている5は素数です。そこで5以外の5の倍数をすべ

図 2-1　エラトステネスのふるい

1	2	3	4	5	6	7	8	9	10
11	12	13	14	15	16	17	18	19	20
21	22	23	24	25	26	27	28	29	30
31	32	33	34	35	36	37	38	39	40
41	42	43	44	45	46	47	48	49	50
51	52	53	54	55	56	57	58	59	60

て消します。これも規則的なので、縦の線で消しています。次に最初に残っている7は素数です。そこで7以外の7の倍数をすべて消します。この並び方の規則はわかりづらいですが、短い斜めの線で消してあります。よくよく眺めると、桂《けい》馬《ま》飛びの位置に現れていることが見てとれるでしょう。

60のルートは7・74……なので、第1章最後の「素数判定法」から、素数7の倍数を消した時点で、60までで残っている数はすべて素数になります。エラトステネスのふるいは、倍数の位置が図形的な規則を持つことから、実行がたやすい、という利点があるのです。

コンピューターが発明される以前は、素数表はエラトステネスのふるい、あるいはそれを多少改良した方法を使って作成されていました。たとえば、1776年にオーストリア政府は国費で素数表を作成しました。しかし、さっぱり売れなかったために、トルコとの戦争のときに弾薬包みとして使われてしまったそうです。爆弾包みとは、素数たちにとって不

図 2-2　倍数判定法

2の倍数の判定法→末尾が偶数
3の倍数の判定法→各ケタの数字の合計が3で割り切れる
4の倍数の判定法→末尾2ケタが4の倍数
5の倍数の判定法→末尾の数字が5か0
6の倍数の判定法→2の倍数と3の倍数の判定法の組み合わせ
8の倍数の判定法→末尾3ケタが8の倍数
9の倍数の判定法→各ケタの数字の合計が9で割り切れる

幸な話ではありませんか。

7の倍数の判定法

筆者の東大数学科時代の同級生が昔、「7の倍数の判定法」というのを教えてくれました。「中高生の頃に、エラトステネスのふるいをやっていて気づいたんだよ」と言っていました。

倍数判定法については、2、3、4、5、6、8、9についてはよく知られています。図2－2にまとめておきました。

7の倍数だけ抜けていますね。今ではネット上には、「7の倍数の判定法」を説明したブログがいくつかありますが、当時はネットなどという便利なものはなかったので、同級生が教えてくれた方法は筆者には驚きでした。

同級生は、エラトステネスのふるいの表を眺めていて、7の倍数（短い斜め線）の位置が桂馬飛びになっていることに注目しました。

7→28, 14→35, 21→42, 28→49

という位置関係のことです。これを見ると、「一の位が1増えると、十の位が2増える」という規則を発見できます。たとえば、2番目の14↓35では、一の位が4から5に増えると、十の位が1から3へと2だけ増えています。左から右へ21だけ増えており、21は7の倍数なので、左側が7の倍数なら右側も7の倍数となり、左側が7の倍数でないなら右側も7の倍数でない、というだけの話です。同級生が偉いのは、このシステムを効率的に使う方法に気がついたことです。

たとえば、343が7の倍数かどうか知りたいとしましょう。すると、先ほどの↓と逆の操作をします。一の位を1減らし、十の位を2減らしていくのです（21を引くのといっしょ）。

343→322→301→280

このように、343が7の倍数かどうかは、280が7の倍数かどうかに帰着されます。7の倍数かどうかに最後の0は関係しませんから、28が7の倍数かどうかに帰着されます。28は7の倍数なので、343も7の倍数とわかります。

この3ステップを一気にやるには、343を十の位以上と一の位とを切り離し、34と3とします。そして、左の数から右の数の2倍を引きます。34－6＝28。これで、一気に28にたどりつきました。この判定法をまとめると次のようになります。

▼7の倍数の判定法
正の整数 n について、一の位の数を x、n から一の位の数 x を削除した1桁少ない数を y、とする。y から x の2倍を引いた数が7で割り切れれば、n は7の倍数である。

もう一つ例をやりましょう。2023が7の倍数かどうか判定してみると、次のようになります。

2023→(202と3)→(202－3×2＝196)→(19と6)→(19－6×2＝7)→7の倍数

このことを教えてくれた数学科の同級生は、その後、プロの数学者となりました。将来に数学者になる人は、少年の頃から着眼点が鋭いものだな、と感心します。

フェルマーの素因数分解法

ギリシャ数学以降、素数に対する興味は薄れていました。それを復興させたのが、17世紀フランスの数学者フェルマーです。

フェルマーは、本業は法律家でしたが、数学を独学で研究し、多くの数学者と文通することで第一線の数学者となりました。その成果は多岐にわたります。たとえば、微積分学に肉薄する研究をし、その後のニュートンやライプニッツの微積分学発見の先駆けとなりました。あるいは、パスカルとの共同研究で、確率論の先鞭《せんべん》を付けました。

しかし、フェルマーの業績と言えば、整数に関する数々の発見です。それらの発見は、現代にまでつながる影響力を持ちました。

たとえば、フェルマーは素因数分解の新しい方法を考案しています。素因数分解は、素数かどうかを判定するのと同じですから、フェルマーは素数がどんな性質を持つかに興味を持っていた、ということになります。

フェルマーの素因数分解法は、因数分解の公式、

$$x^2 - y^2 = (x + y)(x - y)$$

を利用するものです。これは高校受験の数学の必須《ひっす》公式で、「平方の差を、和と差の積に分解する」というものです。右辺を展開してみれば正しいことがわかります。

この公式から、「与えられた整数を、平方数の引き算で表すことができれば、掛け算で表すことができる」とわかります。それでフェルマーは、素因数分解したい数を平方数の引き算で表すことを考えたわけです。

たとえば、9991が素数かどうか判断したいとします。3、5、7、11など小さい素数では割り切れません。このようなとき、この数が平方数の引き算で表せるかどうか試してみ

ます。
この場合は都合が良いことに、９９９１が、平方数１００００（$=100^2$）から平方数９（$=3^2$）を引いた数になっています。したがって、先ほどの公式を用いて、
$9991=10000-9=100^2-3^2=(100+3)(100-3)=103\times97$
と素因数分解することができます。
この方法論は、素因数分解したい数そのものが平方数の引き算でぴったり表されなくてもかまいません。素因数分解したい数が、平方数の引き算を「割り切る」場合にも、運がよければうまくいくのです。１６５ページの「数体ふるい法」や１７４ページの量子コンピューターによる素因数分解法で使う関係上、ここで説明しておきましょう。
たとえば、１５１７が素数かどうか知りたいとしましょう。そのとき、この数が割り切る平方数の引き算を見つけるのです。たとえば、１５１７は、
$700^2-3^2=489991$
を割り切ります。実際、$489991\div1517=323$です。どうやって、４８９９９１を見つけたのか疑問に思うでしょうが、これは説明のための人工的な例です。実際には、「数体ふるい法」など、特殊な方法を使わなければ見つかりません。
４８９９９１は、平方数の引き算ですから、

$489991 = (700 + 3)(700 - 3) = 703 \times 697$

と分解できます。つまり、１５１７は703×697を割り切ります。すると、もし１５１７が素数でなくて、素数pを約数に持つとすれば、pは７０３か６９７かどちらかを割り切るはずです。そして、もしも７０３がpで割り切れるなら、pは１５１７と７０３の公約数ということになるので、１５１７と７０３とでユークリッドの互除法を行えば、pが見つかるはずです。実際、互除法を実行してみると、

1517 ÷ 703 = 商2　余り111

703 ÷ 111 = 商6　余り37

111 ÷ 37 = 商3　余り0

となって、最大公約数37が見つかります。１５１７の約数$p = 37$が見つかったわけです。確かに、$1517 = 37 \times 41$と素因数分解できます。

2平方定理

素数についてのフェルマーの数々の発見の中から、この章では、「2平方定理」「フェルマーの小定理」「フェルマー素数」の三つを紹介します。

2平方定理とは、素数を平方数（2乗の数）の和で表す法則です。

▼2平方定理
4で割ると1余る素数は、2個の平方数の和として一意的に表せる。4で割ると3余る素数は2個の平方数の和では表せない。

2以外の素数はすべて奇数で、それらは4で割ると1余る数と3余る数に分類できます。これらの分類を、「平方数の和」で特徴づけることができることを示しているわけです。具体例は、図2－3で確認してください。

4で割ると1余る素数については、図2－3に見られるように、確かに2個の平方数の和となっています。他方、4で割って3余る素数、たとえば19は、このように表せません。19以下の平方数は1と4と9と16ですが、足しても19になるペアはないからです。

素数と平方数の関係では、この2平方定理が最も有名ですが、フェルマーは他にも類似の定理を発見しています。たとえば、8で割って1余る素数と3余る素数は、平方数と平方数の2倍の和で表すことができ、8で割って5余る素数と7余る素数は、このように表すことができない、などがその一つです。

フェルマーのこの発見たちは、後の数学に大きな影響を与えました。すぐ後に出てくるガ

図 2-3　2平方定理

$$5\,(=4\times1+1)=1^2+2^2$$
$$13\,(=4\times3+1)=3^2+2^2$$
$$17\,(=4\times4+1)=1^2+4^2$$
$$29\,(=4\times7+1)=5^2+2^2$$
$$37\,(=4\times9+1)=1^2+6^2$$

ウスの数論で再論され、それが代数体の理論と呼ばれる大きな数学分野につながっていったのです。

フェルマーの小定理

フェルマーの発見の中で最も有名で、現在でも利用されている定理は、「フェルマーの小定理」と呼ばれるものです。これは、高校受験や大学受験の裏技として、塾や予備校でも教えられています。次のような定理です。

▼フェルマーの小定理
pを素数、aをpの倍数でない自然数とする。このとき、a^{p-1}をpで割った余りは必ず1となる。言い換えるなら、$a^{p-1}-1$はpの倍数となる。

具体例は、図2－4で見てください。

この例たちを見ていると、素数のふしぎさに心を打たれま

図 2-4　フェルマーの小定理

$a=2$ のケース

素数 $p=3$ のとき、$2^{3-1}-1=3$ は、3 の倍数。

素数 $p=5$ のとき、$2^{5-1}-1=15$ は、5 の倍数。

素数 $p=7$ のとき、$2^{7-1}-1=63$ は、7 の倍数。

$a=3$ のケース

素数 $p=2$ のとき、$3^{2-1}-1=2$ は、2 の倍数。

素数 $p=5$ のとき、$3^{5-1}-1=80$ は、5 の倍数。

素数 $p=7$ のとき、$3^{7-1}-1=728$ は、7 の倍数。

す。指数計算というのは、非常に大きな数となるわけですが、そういう大きな数を素数で割った余りがいつも1となるのは驚異的なことです。この性質は、「素数が作る数空間」と深く関係します。第8章でこのことをお話しし、そこでこの定理の証明を与えましょう。

このフェルマーの小定理は、二つの意味で現代の数学に影響を与えました。素数を使った暗号（RSA暗号）に対して、重要な役割を果たしたからです。このことは、第5章で詳しく解説します。

フェルマー素数

フェルマーは、次のような計算を提唱しました。

n を0以上の整数として、

図 2-5　フェルマー数

$$F_0 = 2^{2^0} + 1 = 2^1 + 1 = 3$$
$$F_1 = 2^{2^1} + 1 = 2^2 + 1 = 5$$
$$F_2 = 2^{2^2} + 1 = 2^4 + 1 = 17$$
$$F_3 = 2^{2^3} + 1 = 2^8 + 1 = 257$$
$$F_4 = 2^{2^4} + 1 = 2^{16} + 1 = 65537$$

$$F_n = 2^{2^n} + 1$$

これは、「2のn乗」を2の肩に乗せ、指数計算し、それに1を加えます。$n = 0$のときは、2の0乗は1です。それを2の指数とすると、2の1乗は2、それに1を加えて$F_0 = 3$となります。次に、$n = 1$のときは、2の1乗を計算して2を求め、それを2の指数として2の2乗は4、それに1を加えて$F_1 = 5$となります。このような数をフェルマー数と呼び、図2－5のようになります。

図2－5に示された5番目までのフェルマー数は、奇跡的なことにも、すべて素数となっています。フェルマー数の中で素数であるものを「フェルマー素数」と呼びます。フェルマーは、「フェルマー数は、すべて素数である」と予想しました。フェルマーは予想しただけで、証明を与えたわけではありません。6番目のフェルマー数は、

$$F_5 = 4294967297$$

です。これが素数かどうかは、フェルマーには判定できませ

んでした。フェルマーの時代には、電卓もパソコンもありませんでしたから、この程度の桁数でも、素数かどうかを判定するのは至難の業だったのです。それでフェルマーは、たぶん素数であろう、と信じたわけです。

白黒はっきりしたのは、50年以上も後のことでした。18世紀スイスの数学者オイラーが、1732年に「F_5は素数ではない」ということを発見しました。実際、

$F_5 = 641 \times 6700417$

と素因数分解されます。最小の素因数が641と大きいので、フェルマーの時代に見つけることができなかったのは当然でしょう。もちろん、オイラーも電卓やパソコンを持っていないのは同じでした。しかし、オイラーの時代には、数学がもう少し進歩していました。それで、この素因数分解を見つけることが可能だったのです。

オイラーがフェルマーの夢をつぶした

オイラーは、どうやって、この素因数分解を発見したのでしょうか。小さい素数で順に割っていったのでしょうか。実は、そうではないのです。オイラーは、次の法則を発見したのです。

▼定理（オイラーの判定法）

フェルマー数 F_n の素因数は、必ず、(2^{n+1} の倍数) ＋ 1 の形である。

この定理を利用すれば、フェルマー数 F_5 の素因数は、

(2^6 の倍数) + 1 = (64 の倍数) + 1

という形の素数であることがわかります。このような候補を次々と試していったオイラーは、遂《つい》に、素因数 64 × 10 + 1 = 641 を発見したわけです。

ちなみに、次のフェルマー数は、

F_6 = 18446744073709551617

ですが、これが素数ではないことを発見するには、なんと１００年以上の歳月が必要でした。ランドリーという数学者が１８８０年に、次のような素因数分解を見つけました。

F_6 = 274177 × 67280421310721

ランドリーもオイラーの法則を利用しました。毎日、数時間ずつ計算して、数カ月かけてこの素因数を発見しました。なんと82歳だったそうです。すごい執念ですね！

F_7 については、１９７０年に計算機を用いて、因数分解されました。17桁の素数と22桁の

素数の積となっていることは、1980年に素因数分解されたことによって確認されました。10番目のフェルマー数F_9は、1990年に「数体ふるい法」を用いて、コンピューターによって素因数分解されました。これについては、165ページで解説します。

現在、フェルマー素数はフェルマーの見つけた5個以外に見つかっていません。そして、他にフェルマー素数があるのかないのかについての手がかりもつかめていません。

オイラーのゼータ

オイラーは、素数だけでなく、たくさんの分野を研究し、新しい数学を生み出したことで有名です。ニュートンとライプニッツが開発した微積分の技術を推し進め、動学的な方程式の最適解を求める変分法を開発しました。また、実数に虚数を加えて作られる複素数の世界を研究して、有名な「オイラーの公式」を作り出しました（これは、191ページで解説します）。さらには、場合の数の計算を無限級数から得る方法論を完成しました。点と線だけで作られる「柔らかい図形」の幾何学であるトポロジーの創始者もオイラーです。

そんなオイラーの研究の中で、とりわけ現代の数学に大きなテーマを与えたのが、「ゼータ関数」の研究でした。ゼータ関数については、第7章で詳しく解説しますので、ここでは簡単に概要だけを述べます。

オイラーは、当時難題とされていた「平方数の逆数をすべて加えた値はいくつか」という無限和の問題に取り組みました。これは、スイスのバーゼルで数学者ベルヌイが研究したので、「バーゼル問題」と呼ばれます。$\frac{1}{1}$、$\frac{1}{4}$、$\frac{1}{9}$、$\frac{1}{16}$、……をすべて加えたらいくつになるか、ということです。

オイラーが見つけた答えは意表を突くものでした。それは、円周率の2乗を6で割った数$\left(\frac{\pi^2}{6}\right)$である、というものです。円周率が飛び出したことは、当時の数学者たちに大きな驚きを与えました。

微積分学の発見によって、三角関数（サインやコサイン）などの微積分を使って、円周率を無限級数和で表すことができるようになっていました。おかげで、円周率を小数点以下かなりな桁数まで求められました。しかし、バーゼル問題には、三角関数の影は見えていませんでした。だから、数学者たちには答えの予想がついていなかったのです。

オイラーは、この研究を発展させ、4乗数の逆数和、6乗数の逆数和なども研究しました。偶数乗の逆数和の場合には、答えに必ず円周率が現れました。

さらにオイラーは、これらの無限和について、衝撃的な等式を発見しました。それは、素数が関与するものでした。

平方数の逆数の無限和が「円周率の2乗÷6」であることは先ほど述べましたが、これが別の形で、すなわち、すべての素数を使って、次のように表すことができるのです。

$$(\text{平方数の逆数の無限和}) = \frac{2^2}{2^2-1} \times \frac{3^2}{3^2-1} \times \frac{5^2}{5^2-1} \times \frac{7^2}{7^2-1} \times \cdots$$

ここで、右辺はすべての素数にわたる掛け算になっています。この右辺を「オイラー積」と呼びます。この等式は、すべての素数と円周率とが関係性を持つことを意味する衝撃的な等式です。素数と円周率の関係は、それまで誰も見つけたことがなかったのです。

ガウスによってフェルマー素数が蘇る

フェルマー数は、オイラーによって、6番目のフェルマー数が素数でないとわかって、その役割を終了したように見えました。ところがそうではなかったのです。意外なところで、数学の表舞台に顔を出すことになりました。それは、「定規とコンパスだけで作図できる正多角形」という問題でした。

ギリシャ時代には、定規とコンパスだけで作図できる図形というものが研究の対象となりました。ここで、定規は2点を結ぶことだけに用い、長さを測ったりはできません。また、コンパスは、円を描くことと、２点間の距離を別の場所に移すことだけに用います。

ギリシャ時代に、正3角形、正4角形（正方形）、正5角形、正6角形を定規とコンパスだけで作図できることはわかっており、作図の手順も示されていました。そこで問題になったのは、「正7角形は定規とコンパスだけでの作図が可能か」という問題でした。

これは非常に難しい問題で、解決まで１０００年以上の歳月を要しました。解決をしたのは、18世紀から19世紀にドイツで活躍した数学者ガウスでした。ガウスは、たくさんの業績を挙げています。数学だけでなく、電磁気学や天文学、また統計学にもガウスの名の付く法則を残しました。ガウスは、なんと、18歳のときに、この問題を解決しました。当時、語学と数学とどちらを専門にするか迷っていたガウスは、この発見をきっかけに、数学者になることを決意したとのことです。

ガウスは、「素数pに対して、正p角形が定規とコンパスだけで作図できるのは、pがいくつのときか」を考えました。$p=3, 5$が可能であることはギリシャ時代にわかっていましたから、次はいくつか、ということです。ガウスが発見したのは、$p=7$は不可能である（正7角形は作図不可能である）こと。さらには、次に可能となるのは$p=17$、ということ（正17角形は作図可能であること）でした。１７９６年のことです。これらは、次の驚くべき定理から帰結されたのです。

▼定理（ガウスの作図定理）
素数pがフェルマー素数のとき、正p角形が定規とコンパスだけで作図できる。

フェルマー素数が墓から蘇《よみがえ》ったではありませんか。捨てる神あれば拾う神あり、とはまさにこのことです。この定理によれば、正17角形だけでなく、正257角形も、正65537角形も定規とコンパスだけで作図できる、とわかったことになります。幾何学と素数が結びつきを持った瞬間です。正17角形の作図方法は、図2－6で見てください（参考文献［5］）。相当に複雑なので、興味ない人はスルーしてかまいません。

ガウスはこの発見がよほど嬉《うれ》しかったと見え、自分の墓標に正17角形を刻むことを申し出たそうです。これは実現されませんでしたが、ガウスの記念碑のほうには刻まれました。

この定理は逆も成り立ちます。すなわち、素数pに対する正p角形がコンパスと定規だけで作図できるのは、フェルマー素数に限るのです。このことは、ガウスが述べましたが、きちんと証明したのは、後のワンツェルという数学者でした。

図 2-6　正 17 角形の作図法

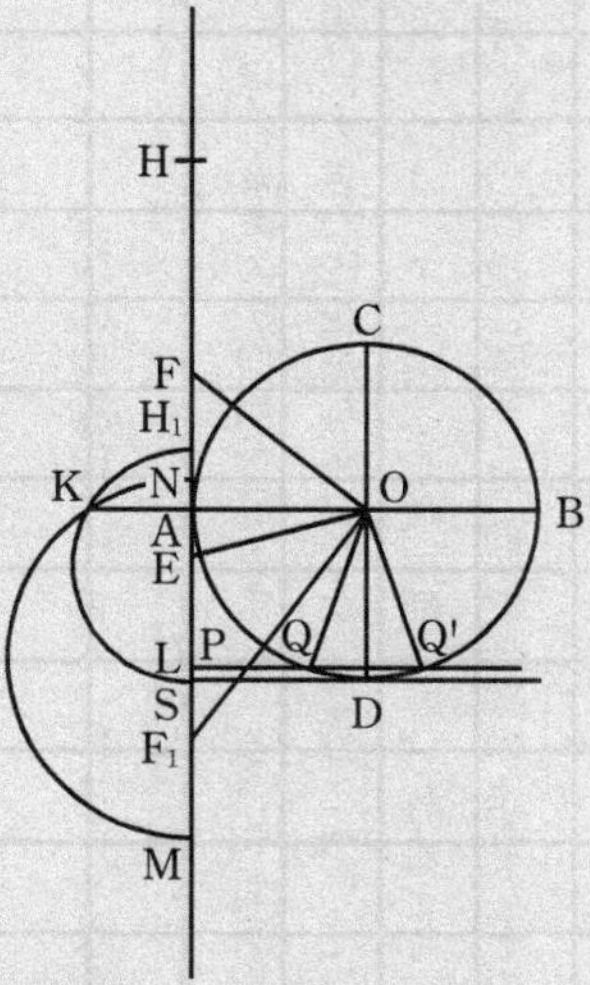

円 O を作図する。円 O の直交する直径 AB と CD を引く。A と D における接線の交点 S を取る。A における接線上に AE = AO/4 となる E を取る。そして、EF = EF_1 = EO となる F と F_1 を図のように作図する。

さらに、FH = FO となる H、F_1H_1 = F_1O となる H_1 を図の位置に取る。

その上で、SH_1 を直径とする半円を図のように描いて OA の延長との交点を K とする。AS 上に KL = AH/2 となる点 L を取って、LM = LN = LK となるように、図の M と N を作図する。AP = AM/2 となる P を図のように取って、P から AB に平行な直線を引き、円 O との交点を図のように Q と Q' とすれば、∠DOQ = ∠DOQ' = (360/17)° となる。DQ と同じ長さを円周上に取っていけば、正 17 角形が作図できる。以上の作図は、すべて、コンパスと定規だけで可能である。

ガウスの素数定理

ガウスは、ユークリッドからフェルマーへと継承された整数の理論の形をきちんと整える仕事をしました。それまであいまいだった多くの基本的な定理に、きちんとした証明をつけました。39ページで述べた「算術の基本定理」を厳密に証明したのもガウスだとされています。

ガウスは、素数の理論についても、いろいろな貢献をしています。

その一つは、フェルマーの2平方定理を全く新しい方法で証明したことです。それは、虚数の世界に素数の類似物を定義する、という画期的な方法でした。これはその後の代数学のあり方に大きな影響を与えました。これについては、第6章で解説します。

もう一つは、その後に素数定理と呼ばれるようになる重要な定理を予想したことでした。

これは素数の個数に関する定理で、次のようなものです。

> ▼素数定理
>
> x以下の素数の個数は、$x \div \log x$で近似できる。

これは、素数が不規則でありながら、その個数についてある程度の予測が立つことを示唆しています。$\log x$ というのは、自然対数と呼ばれる関数ですが、第4章で詳しく解説するので、ここではこれだけで済ませましょう。

150年以上解けない問題を残したリーマン

オイラーが先鞭を付けた研究を完成させたのは、19世紀ドイツの数学者リーマンです。リーマンは、オイラーのときはあいまいだったゼータ関数を厳密に定義することに成功しました。

オイラーは、57ページで述べた通り、「自然数の s 乗の逆数和」をいう形を研究しました。s が正の偶数のときは、円周率が現れることを証明しました。実は、オイラーは s として負数も考えていました。ここで、s をマイナス1とすると、たとえば、3のマイナス1乗とは3の逆数、すなわち3分の1のことです $\left(3^{-1}=\frac{1}{3}\right)$。ということは、3のマイナス1乗の逆数は、逆数の逆数だから3に戻ります。とすれば、

(自然数のマイナス1乗の逆数和) $=1+2+3+4+\cdots$

となります。これは、全自然数の和ですから、普通に考えると無限大となってしまいます。オイラーは、この和が無限へ発散するのを避ける「巧《うま》い解釈」をほどこすことによって、こ

れを有限の値と計算しました。

オイラーの計算によれば、この値はマイナス12分の1$\left(-\frac{1}{12}\right)$となりました。すなわち、全自然数の和はマイナスの数だという、にわかには受け入れがたい答えでした。

リーマンは、オイラーの発想を整理して、自然数のs乗の逆数和をsが複素数（実数に虚数を加えて拡大した数世界）まで拡張し、矛盾なく定義しました。このように、複素数全域で定義された自然数のs乗の逆数和をリーマン・ゼータ関数と呼びます。リーマン・ゼータ関数は、理系の大学1年生が教わるテイラー展開に似た無限級数の和ですが、理系でも数学科や物理学科でないと教わらない高度な関数です。詳しくは第7章で説明しましょう。

リーマン・ゼータ関数は、無限個のsにおいて値0をとります。このようなsを「リーマン・ゼータ関数の零点」と呼びます。リーマンは、リーマン・ゼータ関数の零点たちと、素数とを関係づけることに成功しました。そして、これら零点に関する予想を提出しました。それが「リーマン予想」と呼ばれるものです。

リーマン予想は、リーマンが提出してから2017年現在まで、150年以上にわたって未解決の問題であり、17ページで説明したように、ミレニアム問題の一つです。

現代の多くの数学者たちは、リーマン予想は正しいだろうと考えています。そして、リーマン予想が解決されれば、素数の謎の多くが解明されると信じているのです。

リーマンは、リーマン・ゼータ関数以外にも、その後の数学を変革するたくさんのアイテムを生み出しました。20世紀以降の数学に最も大きな影響を与えた数学者と言っても過言ではありません。しかし、残念なことに、39歳の若さでこの世を去っています。もう少し長生きしてくれれば、その後の数学はかなり異なったものになったに違いありません。

インドから彗星のように現れたラマヌジャン

オイラー、リーマンと続いたゼータ関数による素数の研究に、さらなる発展をもたらしたのが、インドから彗星《すいせい》のように出現したラマヌジャンです。ラマヌジャンは、数学の公式集のようなものを愛読しており、自分でもたくさんの奇妙な公式を発見していました。たとえば、先ほど紹介した、オイラーの式、

$$(\text{自然数の総和}) = 1+2+3+4+\cdots = -\frac{1}{12}$$

も見つけていました。あるいは、素数について、次のような事実も発見しました。

「(素数の2乗＋1)÷(素数の2乗－1)を全素数について掛け合わせると$\frac{5}{2}$になる」

具体的に書くと、図2－7のようになります。

図 2-7　ラマヌジャンの素数の積

$$\frac{2^2+1}{2^2-1}\cdot\frac{3^2+1}{3^2-1}\cdot\frac{5^2+1}{5^2-1}\cdot\frac{7^2+1}{7^2-1}\cdots\cdots=\frac{5}{2}$$

この式は、オイラーが1737年の時点で発見していましたから、ラマヌジャンの新発見というわけではないのですが、ラマヌジャンはオイラーの結果を知らずに独力で発見したのは天才というしかないでしょう。

残念なことに、ラマヌジャンの数々の発見を理解してくれる人はインドには存在しませんでした。そこでラマヌジャンは、イギリスの数学者ハーディに手紙を書いて、自分の発見を知らせました。ハーディは驚き、ラマヌジャンをケンブリッジ大学に招聘《しょうへい》したのです。1914年のことでした。

ラマヌジャンのイギリスでの生活は、幸福と不幸が同居したものとなりました（参考文献［6］）。優れた数学者と一緒に研究できる、という意味では幸福でした。一方、ラマヌジャンの研究方法は独自のもので、伝統的なやり方ではなく、ハーディに批判され、次第にうまくいかなくなりました。また、南インドの温暖な気候と正反対のイギリスの気候は、ラマヌジャンに合いませんでした。その上、運悪く、第1次世界大戦に突入したため、食糧事情が悪化し、菜食主義者のラマヌジャンは健康を害することになりました。５年後の１９１９年にインドに帰国しますが、その1年後に、32歳という若さで死去することとなりました。リーマンよりも短い生涯でした。

ラマヌジャンが発見した数式は、その後の数学を大きく変革していくこととなりました。とりわけ、ゼータ関数に関する発見は、フェルマーの大定理を解決に導き、数学者たちに多くの研究素材をプレゼントすることとなったのです。ラマヌジャンの発見については、第8章とコラム３、４で解説しましょう。

1 グロタンディーク素数

アレクサンドル・グロタンディークは、第8章で紹介しますが、現代の数論を著しい進歩に導いた天才数学者です。リーマン予想を解決するために「空間」の概念を刷新する、という画期的な研究をしました。その研究が現代の数学に与えた影響ははかり知れません。

グロタンディークの人生は、数学者としては波瀾《はらん》万丈で、それはアリン・ジャクソンがアメリカ数学会報に寄稿した記事で詳しく描き出されています。その中で、ちょっと息抜きになる笑い話があります。それが「グロタンディーク素数」というエピソードです。

グロタンディークを含めた何人かで議論をしているとき、誰かがグロタンディークに、「具体的な素数を例に考えよう」と言いました。そこで、グロタンディークは、「よしわかった。それでは、たとえば、57としよう」と答えました。

はい、そうですね。57は3の倍数なので、素数ではありません。しかし、グロタンディークに敬意をはらい、それ以降、57は「グロタンディーク素数」と呼ばれるようになったのです。

このエピソードは、グロタンディークが世俗にほとんど関心を持たない証拠として提示されたようです。それは彼の反骨の精神とも関わっていました。1966年に、数学界の最高の栄誉フィールズ賞を受賞したときも、受け取りのためにモスクワの国際数学者会議に出向くのは断りました。また、1988年、スウェーデン王立科学アカデミーからクラフォード賞と賞金20万ドルが与えられましたが、それも断りました。

グロタンディークは、1991年に数学者たちの前から姿を消し、その後は、ピレネー山脈のへんぴな村で暮らした、とのことです。

第3章　素数についてわかったこと・未解決なこと

この章では、素数についてこれまでに解明されている性質と、現段階で未解決の予想について解説します。素数研究は2000年以上の歴史があるので、みごとな性質がいろいろ発見されている一方、予想されながらも証明が難しく、現状では未解決の問題もたくさんあります。それら未解決問題の中には、21世紀に入って、急に研究が進んで、落城間近か、というものも存在します。そんなあれこれを紹介することとしましょう。

ウィルソンの定理

最初に紹介するのは、「ウィルソンの定理」です。これは、与えられた整数が素数なら成り立ち、素数でなければ成り立たない法則です。そういう意味では、素数判定にも使えます。

> ▼ウィルソンの定理
> nを2以上の整数とする。nが素数なら、
> $1\times2\times3\times\cdots\times(n-1)+1$
> がnで割り切れる。nが素数でないなら、割り切れない。

言葉で言うなら、1から$n-1$までの積に1を足した数は、nが素数ならnの倍数になり、

図 3-1　ウィルソンの定理の確認

$n=2$（素数）→ $1+1=2$ → 2の倍数

$n=3$（素数）→ $1\times2+1=3$ → 3の倍数

$n=4$（素数でない）→ $1\times2\times3+1=7$ → 4の倍数ではない

$n=5$（素数）→ $1\times2\times3\times4+1=25$ → 5の倍数

$n=6$（素数でない）→ $1\times2\times3\times4\times5+1=121$ → 6の倍数ではない

$n=7$（素数）→ $1\times2\times3\times4\times5\times6+1=721$ → 7の倍数

nが素数でないなら倍数にならない、ということです。2から7までの例は、図3－1に与えてあります。なかなかみごとな性質です。

ウィルソンの定理は、10世紀アラビアの数学者イブン・アル＝ハイサムによって最初に発見されましたが、ヨーロッパでは長い間知られずにいました。17世紀ドイツの数学者ライプニッツが、この定理と同値な定理を記述していますが、明確には証明していないようです。その後、この定理は、18世紀イギリスのジョン・ウィルソンによって再発見されます。ウィルソンは著名な数学者ワーリングの学生でしたが、法律家になるために数学を断念しました。ウィルソンはケンブリッジ大学の学生のときにこの定理を発見しましたが、証明することはできませんでした。最初に証明したのは、18世紀フランスの数学者ラグランジュです（参考文献［7］［8］）。

nが素数でない場合の証明は比較的簡単です。nが素数でなければ、nの素因数pが$n-1$以下に存在します。すると、

1から$n-1$までの積はpの倍数となり、1を加えるとpの倍数ではなくなります。nの倍数は必然的にpの倍数でなければなりませんから、1から$n-1$までの積に1を加えた数はnの倍数とはなりえません。他方、nが素数の場合の証明はかなり難しく、ラグランジュのような天才を要したのはよくわかります。

1からkまでの積$1\times2\times3\times\cdots\times k$は、「!」の記号を使って、$k!$と表し、「$k$の階乗」と読みます。高校生が教わる数学記号です。この記号を使うなら、ウィルソンの定理は、「$(n-1)!+1$がnの倍数ならnは素数、nの倍数でないならnは素数でない」と書くことができます。

階乗計算はすぐに大きな数になってしまうので、多少大きな数について、ウィルソンの定理を素数判定に使うのは実用的ではありません。

ここで、ウィルソンの定理と、第2章・51ページで紹介したフェルマーの小定理を比較してみましょう。二つの違いは、ウィルソンの定理では、素数と素数でない数を完璧《かんぺき》に選《よ》り分けられるけれど、フェルマーの小定理ではそうではない、ということです。

フェルマーの小定理は、nが素数なら「2の$(n-1)$乗引く1」($2^{n-1}-1$)は、必ずnの倍数になる、という内容でした。ところが、「2の$(n-1)$乗引く1」がnの倍数となったからと言ってnが素数とは限らないのです。つまり、フェルマーの小定理は、「素数でない判定」には使えるけれど、「素数である判定」には使えない、ということです。

実際、$n=561$と設定してみると、「2の560乗引く1」は561の倍数となりますが、561は3で割り切れるので、素数ではありません。このような、素数でないのにフェルマーの小定理を満たす数は「擬素数」と呼ばれます。フェルマーの小定理は、擬素数の存在のため、「素数であること」の判定には使えないのです。

しかし、擬素数は非常に稀《まれ》にしか存在しないので、フェルマーの小定理を満たす数は、「おおよそ素数であろう」と判定することぐらいはできます。また、2だけでなく、いろいろな自然数aについてフェルマーの小定理を確かめれば、素数である確率は非常に高くなると考えられます。

大きな素数をどう見つけるか

13ページで、2233万桁《けた》という巨大な素数が発見され、最大の素数の記録が更新された、という報道がなされたことを書きました。米セントラルミズーリ大のカーチス・クーパー教授が、世界中のコンピューター約800台をつなげて、計算によって確認したわけです。この素数は、メルセンヌ素数と名付けられた素数の一つです。

「2のk乗引く1」(2^k-1)をメルセンヌ数と言い、メルセンヌ数で素数であるものをメルセンヌ素数と言います。図3－2に、最初の10個のメルセンヌ数を列挙し、その中のメルセンヌ素数を指摘してあります。

1から10までのkでの観察によって、$k=2, 3, 5, 7$について、メルセンヌ数はメルセンヌ素数になることがわかりました。この結果を見ると、容易に次の二つの予想が立ちます。

（予想A）kが素数でないときは、メルセンヌ数は必ず素数にならない。

（予想B）kが素数のときは、メルセンヌ数は必ず素数になる。

予想Aが正しいことは、高校で習う因数分解公式によって簡単にわかります。興味ある人は、図3－3を読んでください（重要ではないのでスルーしてもかまいません）。

他方、予想Bは正しくありません。実際、$k=11$は素数ですが、「2の11乗引く1」は2047で、これは23×89と素因数分解でき、素数とはなりません。以上をまとめ、次の事実がわかります。

▼メルセンヌ素数の性質

メルセンヌ数2^k-1が素数になるのは、kが素数のときに限る。一方、kが素数だからと言って、2^k-1が素数になるとは限らない。

図 3-2　メルセンヌ数とメルセンヌ素数

$2^1-1=1$：素数ではない

$2^2-1=3$：メルセンヌ素数

$2^3-1=7$：メルセンヌ素数

$2^4-1=15$：素数ではない

$2^5-1=31$：メルセンヌ素数

$2^6-1=63$：素数ではない

$2^7-1=127$：メルセンヌ素数

$2^8-1=255$：素数ではない

$2^9-1=511$：素数ではない

$2^{10}-1=1023$：素数ではない

図 3-3　*k* が素数でないと *k* 番目のメルセンヌ数は素数でない

n 乗数の差である a^n-b^n は、次のように因数分解できる。

$a^n-b^n=(a-b)(a^{n-1}+a^{n-2}b+a^{n-3}b^2+\cdots+b^{n-1})$

この公式を用いると、たとえば、素数でない $k=9$ の場合にメルセンヌ数が素数とならないことが次のようにわかる。$9=3\times3$ だから、9 番目のメルセンヌ数は、

$2^9-1=2^{3\times3}-1=(2^3)^3-1^3$

と、3 乗数の差で書ける。上記の公式で $a=2^3, b=1, n=3$ と置くことによって、

2^9-1 は $a-b=2^3-1=7$ で割り切れることがわかる。つまり、素数ではない。

一般には、k が 1 より大きい約数 q を持つとき、メルセンヌ数 2^k-1 は上の公式から 2^q-1 を約数に持つので、素数ではないとわかる。

実際、kが10より大きくなると、メルセンヌ素数を与える素数kは急激に少なくなります。１００まででメルセンヌ素数が得られる指数kを列挙すると、

$k = 2, 3, 5, 7, 13, 17, 19, 31, 61, 89$

の10個です。１００までに素数は25個ありますが、そのうちの10個にすぎないわけです。

２０１７年7月現在、メルセンヌ素数は49個見つかっています。49個目が、先ほどの２２３３万桁の素数なのです。たったの49個にもかかわらず、こんな大きな数になっていることで、メルセンヌ素数がいかに稀であるかがわかります。

ちなみに、メルセンヌという人は16世紀後半から17世紀前半を生きた学者で、神学・哲学を専門とし、物理学者ガリレイや数学者デカルトなどと親交のあった人です。フェルマーの微分に関する結果をデカルトに知らせたのもメルセンヌです。数学に関する業績は、このメルセンヌ素数だけのようで、１６４４年の論文で、メルセンヌ数が素数になるkを予想しましたが、そのうち正しかったものも間違っていたものもあったとのことです。

なぜ大きな素数を見つけられるのか

これまで、大きな整数を素数かどうか判定するのは、コンピューターでさえ困難である、と説明してきました。それでは、メルセンヌ数で大きな素数が見つかるのは、どうしてでし

図 3-4　リュカ=レーマー数列

$$\begin{cases} S_{n+1} = S_n^2 - 2 \quad \cdots(1) \\ S_1 = 4 \quad \cdots(2) \end{cases}$$

$$S_1 = 4$$

$$S_2 = S_1^2 - 2 = 16 - 2 = 14$$

$$S_3 = S_2^2 - 2 = 196 - 2 = 194$$

$$S_4 = S_3^2 - 2 = 37636 - 2 = 37634$$

ようか。

それは、メルセンヌ数については、素数であるかどうかを判定する単純な方法が発見されているからなのです。その判定法は、コンピューターに向いている計算手順です。

判定には、「リュカ＝レーマー数列」というのを使います。この数列は、「一つ前の数値を使って次の数値を計算する」というステップ・バイ・ステップの仕組みを持った数列です。最初は4です。2番目は、この4を2乗して2を引き算します。結果は14です。3番目は、この14を2乗して2を引きます。結果は194です。以下、この手順を繰り返していくのです。このことを式で表したのが、図3－4の(1)(2)となっています。また、同じ図に、リュカ＝レーマー数列を4番目まで計算してあります。

このリュカ＝レーマー数列を使うと、メルセンヌ素数を判定する定理が得られるのです。

▼リュカ＝レーマーの判定法

kを奇素数とする。リュカ＝レーマー数列の$k-1$番目S_{k-1}が、k番目のメルセンヌ数2^k-1で割り切れるとき、また、そのときに限り、2^k-1はメルセンヌ素数になる。

前節で説明したように、k番目のメルセンヌ数が素数になるには、指数kは素数しかありえないので、奇素数の指数kについて判定できれば十分であることに注意しましょう。

この判定法は、最初にリュカという19世紀の数学者が与えた判定法を、20世紀の数学者レーマーが改良したものです。証明は、レーマーが1934年に与えました。

この判定法が本当であることを、最初の2個に対して確かめてみます。

・$k=3$のとき、2番目のリュカ＝レーマー数$S_2=14$は3番目のメルセンヌ数$2^3-1=7$で割り切れる。7はメルセンヌ素数。

・$k=5$のとき、4番目のリュカ＝レーマー数$S_4=37634$は5番目のメルセンヌ数$2^5-1=31$で割り切れる。31はメルセンヌ素数。

確かに最初の2個では成り立っています。

大きなkについては、そのままリュカ＝レーマー数列を計算すると桁数が膨大になってしまうので、余り算原理を使って計算します。余り算原理とは、「2数の積をある数で割って余りを出すには、それぞれをある数で割った余りを先に出しておいて、余りの積を作って、ある数で割った余りを出しても同じ」という原理です。たとえば、7×8を5で割った余りを知りたかったら、あらかじめ、7を5で割った余り2と、8を5で割った余り3とを出しておき、それらを掛け、2×3を5で割った余りを計算しても同じ、ということです。k番目のメルセンヌ数を判定したいとき、リュカ＝レーマー数列はこのメルセンヌ数を超えるたびにこの数で割った余りを出して数列を計算していけば、そんなに大きな桁数にならずに計算を実行できる、という次第なのです。

由緒正しい完全数

メルセンヌ素数は、もっと歴史ある問題と強い関連を持っています。それは完全数と呼ばれる数たちです。

完全数とは、「自分自身を除く約数の和が、自分自身に一致する整数」のことです。たとえば、最初の完全数は6です。実際、6の自分自身を除く約数は1と2と3ですが、これらの和は1＋2＋3＝6と自分自身に一致します。

2番目の完全数は28です。実際、28の自分自身を除く約数をすべて加えると、

図 3-5　完全数の素因数分解

$6 = 2 \times 3 = 2 \times (2^2 - 1)$

$28 = 2^2 \times 7 = 2^2 \times (2^3 - 1)$

$496 = 2^4 \times 31 = 2^4 \times (2^5 - 1)$

$8128 = 2^6 \times 127 = 2^6 \times (2^7 - 1)$

1＋2＋4＋7＋14＝28と自分自身に一致しています。

3番目は496、4番目は8128です。

これら4つの完全数は、ギリシャ時代に知られていました。聖書の研究者は、完全数6は「神が世界を6日で創造したこと」に対応し、完全数28は「月の公転周期が28日であること」に対応している、と解釈したそうです。

完全数は、その面白い定義から、ギリシャ時代から現在に至るまで、数学者の興味の対象となってきました。

完全数は、実は、メルセンヌ素数と深い関係を持っています。それは完全数を素因数分解してみるとわかります。最初の4つの完全数を素因数分解した結果を図3－5に与えました。

ふしぎなことに、素因数分解にメルセンヌ素数、3、7、31、127が現れています。実は、次のみごとな定理が成り立ちます。

▼定理（偶数の完全数）
k番目のメルセンヌ数2^k-1がメルセンヌ素数pであるとき、$2^{k-1}\times p$は偶数の完全数になる。

この定理は、ギリシャ時代の数学者ユークリッドがすでに見つけていたということです。この定理がなぜ成り立つかを、28を例に図3－6で解説したので、興味ある人は見てください。

このように、メルセンヌ素数があれば、偶数の完全数が作れます。実は、偶数の完全数はすべてこの方法で得られる、ということをオイラーが証明しました。したがって、偶数の完全数の個数はメルセンヌ素数の個数とぴったり一致するのです。つまり、メルセンヌ素数が現在のところ49個発見されている、ということは、偶数の完全数も49個見つかっている、ということです。

奇数の完全数は存在するか

偶数の完全数の存在はメルセンヌ素数の存在に帰着しました。それでは奇数の完全数はどうでしょうか。奇数の完全数は、メルセンヌ素数とは無関係です。したがって、どうやって

図 3-6　28 が完全数となるからくり

28 の素因数分解は $2^2 \times 7$ だから、28 の任意の約数を a とすれば、a は 2、2、7 のいくつかの積で表される。したがって、28 のすべての約数は以下の 6 つとなる。

$1, 2, 2^2, 7, 2 \times 7, 2^2 \times 7$

(実際、これらは、1、2、4、7、14、28 であり、28 の約数全体となっている)。実は、これらの約数をすべて加え合わせたものは、

$(1 + 2 + 2^2)(1 + 7)$

という積で簡単に計算できる。

まず、$(a + b + c)(d + e)$ の展開が、(左のカッコの文字) × (右のカッコの文字) の全組み合わせの和となっていることを確認しよう。どうしてそうなるかは、右の長方形の面積図からわかる。

	d	e
a	ad	ae
b	bd	be
c	cd	ce

長方形の面積をそのまま計算→$(a + b + c)(d + e)$

長方形の面積を分解して計算→ $ad + bd + cd + ae + be + ce$

この公式で、$a \to 1$、$b \to 2$、$c \to 2^2$、$d \to 1$、$e \to 7$ と置くと、次の式が得られる。

$$(1 + 2 + 2^2)(1 + 7) = 1 \times 1 + 2 \times 1 + 2^2 \times 1 + 7 + 2 \times 7 + 2^2 \times 7$$

$= 1 + 2 + 4 + 7 + 14 + 28$

= (28 の全約数の和)

確かに、全約数の和と一致している。

そして、この積の左の項 $(1 + 2 + 2^2)$ がメルセンヌ素数 7 を与え、右の項 $(1 + 7)$ が 2 のべき乗を与えることになる。実際、$1 + 2 + 2^2$ は等比数列の和から $(2^3 - 1)$ となり、$7 + 1$ は 2^3 となる。

まとめると、

(28 の約数の総和) = $(1 + 2 + 2^2)(1 + 7) = (2^3 - 1) \times 2^3$ = (28 の 2 倍)

となり、28 が完全数であることが示される。

探していいのか、その方法さえわかっていません。数学者が長い間探しているにもかかわらず、今のところ、一つも見つかっていません。それで数学者たちは、「奇数の完全数は存在しない」と予想していますが、この予想も現在のところ未解決です。

奇数の完全数については現在わかっていることをいくつか提示しましょう。

奇数の完全数は、あるとしても、とんでもなく巨大であることがわかっています。ブレントらが１９９１年に、「奇数の完全数は10の３００乗より大きい」と証明しました。要するに、あるとしても、３０１桁以上の巨大な数ということです。オーチェムとラオは、最近、その下限を10の１５００乗に改良する論文を発表しました。気が遠くなるような巨大な数ですね。

別のアプローチは、奇数の完全数があるとした場合、その素因数の個数を評価するものです。これについては、ニールセンという数学者が２００３年に「奇数の完全数Nがk個の異なる素因数を持っているなら、２の（４のk乗）乗はNより大きい（$2^{4^k}>N$）」ということを証明しました。前記の結果から奇数の完全数Nはあるとしても非常に大きいので、「２の（４のk乗）乗」も非常に大きい数とわかります。ということは、奇数の完全数があったとしても、素因数の個数kが非常に多いことがわかります。したがって、あてずっぽうで奇数の完全数を発見するのは至難の業でしょう。奇数の完全数についての解決は21世紀中には不可能かもしれません。

全素数の逆数和は無限

ピタゴラスが、素数が無限個あることを証明しましたが、その後、2000年くらいにわたって、素数の個数に関する研究に大きな進展はありませんでした。次なる進展をもたらしたのは、やはりこの人、オイラーでした。

オイラーは1737年に、素数の個数に関する驚くべき発見をしました。それは、

「素数の逆数をすべて加えると無限大になる」

という発見です。つまり、素数の逆数、$1/2$、$1/3$、$1/5$、$1/7$、……をすべて加え合わせると無限大の大きさになる、ということです。

この帰結は、「素数が無限個ある」ことの別証明となっています。なぜなら、素数が有限個しかないなら、その逆数和も有限個の和なので有限の値となってしまうからです。注目すべきは、この帰結が「素数が無限個ある」を超えた内容を含んでいる、ということです。

素数は無限個ありますから、これは「無限個の数の足し算」となります。しかし、無限個の数を足しても必ず無限になるわけではありません。それは、「無限個の数がどんな飛び方をしているか」に左右されるのです。並んでいる数がどんどん小さくなっていく場合、たとえ無限個を加えても有限値になることは普通にあります。したがって、オイラーの結果は「素数が無限個ある」ということを超えた新事実を含有しているのです。この定理は、次節

以降で解説するように、素数の個数がどの程度の大きさの無限であるか、も教えてくれるのです。このオイラーの発見は、ギリシャ時代の発見を真に超えた結果だと言えます。

無限個の数を加える

数を無限個加えた結果は、正式には、「極限」という方法で定義されます。極限は、高校数学（数Ⅲ）で習う概念です。ここでは、極限を深掘りはせず、「だんだん小さくなっていく無限数列の和」について、それが有限になる例、無限になる例を一つずつ与えましょう。

まず、有限になる場合ですが、「2のべき乗の逆数和」が有名な例です。2のべき乗を逆数にした、$\frac{1}{2}$、$\frac{1}{4}$、$\frac{1}{8}$、$\frac{1}{16}$、……という数を無限個全部足すと、ちょうど1になるのです。説明は、図3-7に提示しましたので、ここでは簡単に言葉で説明します。2のべき乗の逆数をk番目まで加えると、それは必ず1より少しだけ小さい数になります。しかし、次の数を加えるたびに和は大きくなるのだから、だんだん1に近づいていくとわかります。そして、無限個に達した瞬間、ちょうど1に一致する、という次第です。

次に無限和が無限になる例をお見せしましょう。それは、自然数の逆数をすべて加え合わせるものです。つまり、$\frac{1}{1}$、$\frac{1}{2}$、$\frac{1}{3}$、……をすべて加えると無限大の大きさになる、というわけなのです。

図 3-7　2 のべき乗の逆数和

n 項目までの和、

$$S_n = \frac{1}{2} + \frac{1}{4} + \frac{1}{8} + \cdots + \frac{1}{2^n}$$

を 1 から引いた差、$1 - S_n$ を調べよう。
たとえば、3 項目までの和 S_3 の場合は、最後の項である 1/8 をもう一つ加えてみると、

$$\begin{aligned} S_3 + \frac{1}{8} &= \left(\frac{1}{2} + \frac{1}{4} + \frac{1}{8}\right) + \frac{1}{8} \\ &= \left(\frac{1}{2} + \frac{1}{4}\right) + \frac{1}{4} = \frac{1}{2} + \frac{1}{2} \\ &= 1 \end{aligned}$$

という具合にちょうど 1 になる。だから、

$$1 - S_3 = \frac{1}{8}$$

がわかる。S_n についても、最後の項（$1/2^n$）をもう一つ加えることで同じ仕組みが起き、

$$1 - S_n = \frac{1}{2^n}$$

が得られる。ここで右辺は、n を大きくすると、分母がいくらでも大きくなることから、その逆数はいくらでも 0 に近づく。したがって、1 と S_n との差は n が無限大になった瞬間に 0 になる。つまり、無限和が 1 と一致することがわかる。

図 3-8　オレームの定理

$$S_n = \frac{1}{1} + \frac{1}{2} + \frac{1}{3} + \cdots + \frac{1}{n}$$

は、n を大きくするといくらでも大きくなりうることが、次のようにわかる。

$$\frac{1}{3} + \frac{1}{4} > \frac{1}{4} + \frac{1}{4} = \frac{1}{2}$$

$$\frac{1}{5} + \frac{1}{6} + \frac{1}{7} + \frac{1}{8} > \frac{1}{8} + \frac{1}{8} + \frac{1}{8} + \frac{1}{8} = \frac{1}{2}$$

$$\left(\frac{1}{9}\text{から}\frac{1}{16}\text{までの 8 項の和}\right) > \frac{1}{16} \times 8 = \frac{1}{2}$$

$$\left(\frac{1}{17}\text{から}\frac{1}{32}\text{までの 16 項の和}\right) > \frac{1}{32} \times 16 = \frac{1}{2}$$

以下同様に、$\frac{1}{2}$ より大きくなる部分和がいくらでも作れる。

数列の無限和が無限大となることを示すには、「途中までの和がいくらでも大きくなる」ということを示します。詳しくは図3－8で理解していただくとして、おおまかに説明すると、3の逆数から4の逆数までの和が$\frac{1}{2}$より大きく、5の逆数から8の逆数までの和が$\frac{1}{2}$より大きく、9の逆数から16の逆数までの和が$\frac{1}{2}$より大きく、……等々となり、$\frac{1}{2}$より大きくなる部分が次々と作り出せます。したがって、自然数の逆数の和は、$\frac{1}{2}$を無限に加えたものより大きくなることがわかり、無限大ということになります。

ちなみに、この結果は、1350年頃のフランスのニコラ・オレームが証明した、という記録があるそうです。

「素数の逆数和が無限」の意味すること

自然数の逆数和が無限大になり、他方で、2のべき乗の逆数和が有限値となるのですが、この違いはどこからくるのでしょう。直観的に言えば、2のべき乗が加速度的に大きくなり、自然数全体の中ではスカスカな存在だ、ということです。

2のべき乗のように、次々と同じ数を掛けて作られる数列を等比数列と呼びます。等比数列は、ネズミ算式に大きくなっていきます。複利で借りた借金が、想像以上に大きく膨らんでしまうのは、等比数列の性質によるものです。

他方、自然数のように一定数を加えていく数列を等差数列と呼びます。等差数列は1次式で表すことができるので、そんなに急激には大きくなりません。借金も単利で借りることができるなら、複利ほどに苦しめられることはないのです。

逆数和をつくると、今の性質が無限と有限の違いとして現れます。等比数列は、急激に大きくなるので、逆数は急速に0に近づきます。だから、先のほうでは加える数が塵《ちり》程度となってほとんど和を増やしません。したがって、無限個足しても有限で済みます。他方、等差数列は急激には大きくならないので、逆数はゆっくりと0に近づいていきます。だから、先のほうでも、和に有意に影響を与え、無限個足すと無限大に発散してしまうわけです。

さて、このように考えると、オイラーの定理「素数の逆数和は無限」は、「素数の存在は、自然数の中で、それほどスカスカではない」、「素数の数列は、2のべき乗のように加速度的に大きくなるものではない」、ということを教えてくれます。これは明らかに、「素数が無限個ある」という知識を超えた帰結だと言えます。オイラーがいかに天才だったかわかりますね。

オイラーは、第2章で紹介したゼータ関数を用いてこの定理を証明しました。その後、20世紀になって、ハンガリー出身の数学者エルデシュが初等的な証明を発見しました。

双子素数

3と5、5と7、11と13のように差が2である素数のペアを「双子素数」と呼びます。隣り合う素数は2と3だけなので、それ以外で最も近い素数ペアは双子素数ということになります。双子素数が無限組あるかどうかは、2017年7月現在、未解決です。「双子素数は無限組存在する」と予想されており、これを「双子素数予想」と呼びます。

2017年7月での最大の双子素数は、388342桁の素数の組とのことです。こんな大きな双子素数が見つかっていること自体、神秘ですよね。

6で割った余りを考えると、奇数はすべて、余りは1、3、5のどれかです。したがって、奇数は整数 n によって、$6n+1$、$6n+3$、$6n+5$、のどれかで表されます。真ん中の $6n+3$ は明らかに3で割り切れますから、n が1以上なら素数にはなりません。したがって、3より大きい奇素数は1番目か3番目で表されます。3番目が、$6(n+1)-1$と表せることに注意すれば、2、3以外の素数はすべて、(6の倍数)-1か(6の倍数)$+1$であるとわかります。したがって、双子素数の組は、$6n-1$と$6n+1$の組でなければなりません。つまり、「双子素数の間にある数は、6の倍数」ということが明らかになります。

実際、最初のほうの双子素数を列挙すれば、

5と7、11と13、17と19、29と31、……

ですから、挟む数、6、12、18、30は確かにすべて6の倍数となっています。

双子素数の判定法

双子素数の判定法は何かあるでしょうか。実はあるのです。1949年にクレメントという数学者が次の定理を発表しています。

> ▼クレメントの双子素数判定法
> nを1より大きい整数とする。1から$(n-1)$までの積に1を加え、それを4倍して、さらにnを加えたものが、$n(n+2)$で割り切れるとき、またそのときに限り、nと$n+2$は双子素数である。

いくつかの双子素数でクレメントの判定法を確認してみます。

$n=3$のとき、$(2!+1)\times 4+3=15$

これは、$n(n+2)=3\times 5=15$で割り切れます。そして、3と5は確かに双子素数です。

$n=5$とおくと、$(4!+1)\times 4+5=105$

これは、$n(n+2)=5\times 7=35$で割り切れます。そして、5と7は確かに双子素数です。

なかなかみごとな定理です。形を見て想像のつくことだと思いますが、この判定法は、最初に紹介したウィルソンの定理の簡単な応用です。ウィルソンの定理を前提とすれば、証明も簡単ですが、ここでは省略します。

ゴールドバッハ予想

素数に関する有名な予想のもう一つに、「ゴールドバッハ予想」があります。

「4以上のすべての偶数は、素数2個の和である」

という予想です。小さい数について確かめると、

$4=2+2,\ 6=3+3,\ 8=3+5,\ 10=5+5,\ 12=5+7,\ \cdots\cdots$

のように、確かに成り立っています。

この予想は、ゴールドバッハが１７４２年にオイラーに送った手紙に端を発します。ゴー

ルドバッハは、次のような予想を書きました。

「6以上のすべての整数は、3個の素数の和である」…(G)

これを読んだオイラーが、返事の中に、上記の予想「4以上のすべての偶数は、素数2個の和である」を書いたのだそうです。なので、正式にはオイラー予想と呼ぶべきなのでしょう。しかし、最初にこのようなことを考えたゴールドバッハに栄誉が与えられるのは悪くはありません。

この二つの予想は同値になっています。今、ゴールドバッハ予想が正しいと仮定します。すると、$N \geqq 3$なる整数について、偶数$2(N-1)$は二つの素数p_1とp_2との和となります。

$$2(N-1)=p_1+p_2$$

この式の両辺に2を加えた式と、3を加えた式を作れば、

$$2N=2+p_1+p_2,\quad 2N+1=3+p_1+p_2$$

となります。第一の式は、偶数が3個の素数の和であることを表し、第二の式は奇数が3個の素数の和であることを表しています。つまり、予想(G)が成り立ちました。逆に、予想(G)が正しいとすれば、偶数$2N$は3個の素数p、p_1、p_2の和で書けます。

$$2N=p+p_1+p_2 \quad (p \leqq p_1 \leqq p_2)$$

3個とも奇数だと和は奇数になりますから、1個が偶数でなくてはならず、最も小さい素

数 p が2だとわかります。すると、両辺から $2(=p)$ を引き算すれば、

$2(N-1)=p_1+p_2$

が得られます。これがゴールドバッハ予想そのものです（参考文献［9］）。

ゴールドバッハ予想には、次の「弱い予想」バージョンが存在します。

「7以上のすべての奇数は3個の素数の和である」

「弱い」と付いているのは、ゴールドバッハ予想からこの予想が簡単に証明されるからです。実際、ゴールドバッハ予想が正しいなら、$N \geqq 3$ なる整数について、偶数 $2(N-1)$ は2個の素数 p_1 と p_2 の和で書けます。

$2(N-1)=p_1+p_2$

この両辺に3を足すことで、

$2N+1=3+p_1+p_2$

となり、奇数 $2N+1$ が3個の素数の和で書けることが示されます。このように、ゴールドバッハ予想が解決すれば、弱いゴールドバッハ予想は解決します。しかし、逆は必ずしも成り立つとは言えません。

ゴールドバッハ予想は、今でも未解決です。他方、弱いゴールドバッハ予想については、数学者ヴィノグラードフが１９３７年に、「十分大きい奇数は3個の奇素数の和である」こ

とを証明しました。さらに、1956年にボロシチンという人が、「十分大きい」を「3の（3の15乗）乗より大きい（$3^{3^{15}}$より大きい）」と具体化することに成功しました。したがって、あとは、「3の（3の15乗）乗」以下の奇数について確認するだけなので、弱いゴールドバッハ予想のほうは本質的には解決していると考えられます（参考文献［9］）。

二つの予想へ同時アプローチ

これまで、双子素数予想とゴールドバッハ予想を紹介してきましたが、この予想への数学者の挑戦の歴史について解説しましょう。

1919年にブルンという数学者によって大きな進展が成し遂げられました。ブルンは次のことを証明したのです。

> **▼ブルンの定理**
> 十分大きな偶数は、素因数の個数がたかだか9個の2つの整数の和である。

これはゴールドバッハ予想に対する最初の重要な結果でした。実際、「素因数の個数がたかだか9個」を「素因数の個数が1個」に改良することができれば、ゴールドバッハ予想が証明されることになります。ラーデマッヘルは、ブルンの方法を改良して、1924年に素因数の個数を7個まで減らすことに成功しました。

ブルンやラーデマッヘルのアプローチが面白いのは、ゴールドバッハ予想だけでなく、双子素数予想についても同時に結果を出せてしまうところです。次です。

▼ラーデマッヘルの定理

素因数の個数がたかだか7個であるようなnと$n+2$の組が、無限個存在する。

この「たかだか7個」を「ちょうど1個」に改良することができれば、双子素数予想が証明されることになります。

これらの定理の証明には、「ブルンのふるい」という技術が使われます。これは第2章・41ページで解説した「エラトステネスのふるい法」を発展させた「ふるい法」です。

証明の仕方の概要は次のようになります（参考文献［9］）。今、自然数Nを固定し、足してNになる2数の積の集合Γを作ります。Γは、$1\times(N-1)$、$2\times(N-2)$、……等々の積を集めたものです。そして、Nから決まる素数pに対して、2からpまでの素数の積をPとします。ブルンのふるいを使うと、集合Γの中にPと互いに素な積$k(N-k)$が必ず存在することが証明できるのです。Pは、2からpまでの素数の積なので、Pと互いに素（133ページ参照）な$k(N-k)$の素因数分解に登場する素数はpより大きくなくてはいけません。これは、$k(N-k)$の素因数分解に現れる素数がすべて、ある程度大きいということを意味します。素因数がある程度大きいということは、素因数の個数はある程度少ないということになります。したがって、kと$N-k$は、ある程度少ない素因数しか持たない2数であると判明します。$k+(N-k)=N$ですから、Nは素因数の個数がある程度少ない2数の和で書ける、ということが判明するわけです。この「ある程度」を9個とか7個とか、具体的な限界に定めたのが、ブルンやラーデマッヘルの結果なのでした。

ブルンのふるいの方法はなかなか強力で、その後に、「たかだか○個」の部分がみるみる改良されました。そして遂《つい》には、1978年に次の二つの定理に到達しました。

▼陳景潤《チェンジンルン》（Jing-Run Chen）の定理その1

十分大きな偶数は、素因数がたかだか2個の整数と、素数との和である。

▼陳景潤の定理その2

nと$n+2$の、一方が素数で、他方がたかだか2個の素数の積であるような整数nが無限に存在する。

これで、ゴールドバッハの予想と双子素数予想まであと一歩に近づきました。しかし、残念ながら、これは解決ののろしではなく、壁に突き当たったことを意味しました。なぜなら、この方法論をこれ以上改良し、「2個」を「1個」に減らすことは、原理的に不可能であることがわかってしまったからです。

双子素数の逆数和

「ブルンのふるい」アプローチは、このように行き詰まりを見せましたが、別の成果もあります。それは、「双子素数の逆数和は有限」ということが証明できたことです。ブルンのふるいによって、自然数の無限集合で、双子素数をすべて含み、さらには自然数全体に比べてかなりスカスカのものを構成することができます。これらの集合はスカスカのため、加速度的に大きくなっていきます。それは、逆数が急激に0に近づくということを意味します。したがって、これらの逆数和は有限となることが証明できます。双子素数の逆数和はこの逆数和の一部なので、有限になる、ということです。

残念ながら、この定理からは、双子素数の組が無限組とも有限組とも判定できません。有限組しかなければ、逆数和は必ず有限ですが、無限組あっても逆数和が有限になることはありうるからです（2のべき乗の逆数和を思い出してください）。

もしも、双子素数の逆数和が無限になってくれれば、双子素数の組が無限組あることが示されたはずなので、これは「惜しい！」という帰結であり、また、双子素数の分析がいかに難しいかを物語っています。

つい最近、急激な進展があった

陳景潤の定理で、ブルンの方法は限界に突き当たりました。しかし、つい最近になって、全く別のアプローチによって、双子素数予想に関しては大きな進展が得られたのです。

２０１３年に張益唐《ジャンイータン》（Zhang Yitang）が次の定理を証明して、新聞で大きな話題になりました。

> ▼張益唐の定理
> 差が７０００万以下の素数の組が、無限組存在する。

この「７０００万以下」を「ちょうど2」とできれば、双子素数予想が証明されることになります。ちなみに、ブルンのふるいとは異なるアプローチのため、これがゴールドバッハ予想に進展をもたらすことはありません。

張の突破によって、停滞していた研究に大きな風穴が開きました。一度突破口が開かれると、急激に研究が進むのが常です。同じ年、2013年に、タオやメイナードによって、「7000万以下」が「600以下」まで、大幅に改良されました。2017年7月時点では、「246以下」まで改良されている、とのことです。

メイナードは、「素数と次の素数の隔たり」だけではなく、もっと一般に、「m個の素数が含まれる幅」についても結果を得ています。それは、「無限組存在するような、m個の素数の含まれる幅は、m^3e^{4m}で抑えられる」という結果です（eはネイピア定数で、次章で解説します）。これらのメイナードの結果は、「GPYのふるい」と呼ばれる新しい「ふるい法」を使って証明されています。

張、メイナード、タオなどの方法で、このまま「ちょうど2」まで改良されて予想が解決されるか、それともブルンの方法と同じように、どこかで原理的に行き詰まってしまうのか、現在のところ予想がつきません。いずれにしても、ここのところの数学の進歩は著しいです。わくわくしますね。

nと$2n$の間の素数

フランスの数学者ベルトランは、1845年に次のような予想を立てました。

「nを自然数とするとき、n以上$2n$以下には必ず素数が存在する」

たとえば、$n=1000$とすれば、1000以上2000以下に素数が少なくとも一つは存在する、ということです。これを最初に証明したのは、チェビシェフというロシアの数学者で、1852年のことでした。たった7年のうちに証明したのだから、すごいです。

ちなみに、前の節で紹介したゴールドバッハ予想が正しいなら、チェビシェフの定理は瞬時に証明されます。$n=1000$の例で説明しましょう。

もし、ゴールドバッハ予想が正しいなら、偶数2000は二個の素数の和となります。すると大きいほうの素数は1000以上でなければなりません。なぜなら、もし1000未満なら、二つの素数は共に1000未満だから、その和が2000となることはないからです。したがって、大きいほうの素数は1000以上2000以下となります。これは、1000以上2000以下の素数が存在することを保証しています。

ベルトランの予想は、チェビシェフによって解決されたので、現在ではベルトラン＝チェビシェフの定理と呼ばれています。チェビシェフが証明して以来、証明の簡易化が進められました。有名な証明としては、1968年にステーチキンがやったものがあります。それは、チェビシェフ関数と呼ばれる関数を評価するものです。チェビシェフ関数というのは、

$\theta(x)=$（x以下の素数pについての$\log p$の総和）

と定義されるものです（ここの log は自然対数です。次章で解説します）。ステーチキンはこの関数を上手に処理することで、x が４００より大きい場合に次の不等式を証明しました。

$\theta(2x) > \theta(x)$

ここで、$\theta(2x)$ は $2x$ 以下の素数のログ値の和、$\theta(x)$ は x 以下の素数のログ値の和ですから、前者が後者より大きいためには、x より大きく $2x$ 以下の素数が少なくとも一つは存在しなければなりません。x が４００以下の場合については、具体的に x と $2x$ の間に素数があることを確認できるので、ベルトラン＝チェビシェフの定理の証明が完成します。

この定理は、第2章に登場したラマヌジャンが拡張系を与えています（２１８ページのコラム参照）。また、89ページで紹介したエルデシュは、この定理に対しても、非常に初等的な証明を発見しています。いやあ、どちらも天才です。

このように、素数の伝統的な未解決問題に関しても、数学はじわじわ匍《ほ》匐《ふく》前進しており、ときどきブレークスルーが起きるのです。そろそろ何かが解決されるのではないかという期待感があります。

2 ジーゲル先生の無人レクチャー

ジーゲルは、ドイツのゲッチンゲンで数学を研究した優れた数学者でした。数学においても、代数幾何や数論などで、たくさんの成果を残していますが、リーマン予想についてリーマンの遺稿を発掘したことも重要な仕事となりました。

1926年に数学史家のハーゲンが、リーマンの遺稿についての報告を行いました。それを受けて、リーマンの遺稿を専門家として調査することになったのが、ジーゲルでした。ジーゲルは1932年に、調査結果の論文を書いています。そこでは、183ページで説明するような、リーマンの未発表の驚異的な研究が発表されたのです。

そのジーゲルについて、数学者の矢野健太郎《やのけんたろう》が、面白いエピソードを披露しています（参考文献［29］）。それは、ジーゲルがプリンストン高等研究所の教授だったときの話です。

ジーゲルが研究所で講義を持ったとき、有名な数学者の講義ということで、最初は教室に入らないくらいの人が集まりました。しかし、講義が難しすぎて、出席者がどんどん減り、とうとう1人になってしまった。ジーゲルは、それでも平気で講義を続けたのです。

ある日、そのたった1人の聴講者が、風邪で休みました。ところがジーゲルはその日も、講義室に入っていって、90分後に出てきました。

翌週に、風邪の治った聴講者が再度出席すると、ジーゲルは1回分飛んだ講義を開始しました。ということは、つまり、ジーゲルは前回、誰も出席者のいない教室で1回分の講義をきっちりした、ということになるのです。

第4章　素数の確率と自然対数

素数の出現は非常に不規則です。「でたらめ」に近い、と言っても過言ではありません。だとすると、確率の考えが有効かもしれません。確率とは、「でたらめ」に潜む法則をあぶり出す数学だからです。実際、素数には確率法則に近いような性質が備わっています。そして、この性質は、素数の個数を数える定理とも強い関連性を持っているのです。

素数の確率法則には、自然対数（log）が出現します。これは素数にとってどうも本質的なことのようです。したがって、素数の個数についての定理には、必ずと言っていいほど対数が関与するのです。そこで本章では、対数のことを丁寧に解説した上で、「素数の確率法則」を提示することとしましょう。

2が底の対数

素数の確率法則を説明するために必要となる「対数」について、最初に説明します。「底がaの対数」とは、「与えられた数がaの何乗か」を計算する関数のことです。たとえば、「底が2の対数」とは、「与えられた数が2の何乗か」を答える関数なのです。まず、2のべき乗を計算する関数は、指数関数と呼ばれ、$y=2^x$という式で表されます。xを与えると、2のx乗を計算して、それをyとして答える関数です。このように指数関数は、xにyを対応させる仕組みです。たとえば、$x=3$のときは、$2\times2\times2$を計算し、$y=8$となります。

この対応を $x \downarrow y$ という記号で記すなら、

1→2, 2→4, 3→8, 4→16, ……

という対応関係が生み出されます。この対応を逆向きにした対応関係（逆算のシステム）は、

2→1, 4→2, 8→3, 16→4, ……

となります。これは、「与えられた数が2の何乗か」を求める対応です。この対応を与える関数が「底が2の対数関数」で、

$x = \log_2 y$

と書きます。$\log_2$とは、「その数は2の何乗か」を計算する関数を表す記号です。小さく「2」と添えてあるのが底を表しています。したがって、右の対応（↓）を等式に書き直すと、

2→1 ⇔ $\log_2 2 = 1$

4→2 ⇔ $\log_2 4 = 2$

8→3 ⇔ $\log_2 8 = 3$

などのようになります。2のべき乗でないような数に対してもたとえば、

$\log_2 5 = 2.321$……

のようにちゃんと値が与えられます。これは、「5は2の何乗かと問われれば、(2.321…)乗である」ということを意味する式だと言えます。半端な2.321…に対して、2の2.321…

図 4-1　底が 2 の対数

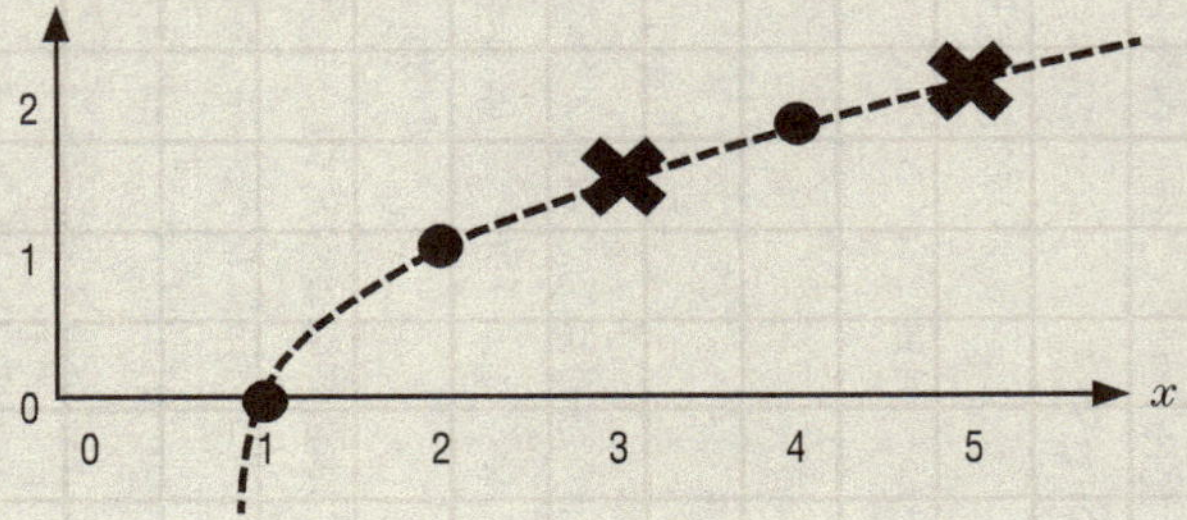

乗とはいったい何だ、と思うでしょうが、順を追って説明していきます。

$\log_2 5$ の値はどうやって求めるのでしょう。図4－1を見てください。

とりあえず、1、2、4、8…に対する$\log_2$の値を打点しておいて、その間を「滑らかな」曲線でつないでグラフを描き、それから、3や5などの値が決まるのです。図4－1のxのところの値です（厳密には、「滑らかさ」は、微分を使って定義されます）。

対数法則

対数関数には、非常に便利な計算法則があります。それは、

「対数の和は、積の対数」

という法則です。これを対数法則と呼びます。式で書くなら、

$$\log_2 a + \log_2 b = \log_2 (ab)$$

となります。左辺が「aの対数とbの対数の和」で、右辺が

図 4-2　対数法則の証明

まず、指数に関して、

$a = 2^s, b = 2^t$ のとき、$ab = 2^s 2^t = 2^{s+t}$

が成り立つことに注意する。これらを対数に書き換えると、

$s = \log_2 a, t = \log_2 b$ のとき、

$s + t = \log_2 (ab)$

となる。上を下に代入すれば、

$\log_2 a + \log_2 b = \log_2 (ab)$

が得られる。

「積abの対数」になっています。実際、前節で与えた数値例でも、

$\log_2 2 + \log_2 4 = 1 + 2 = 3$

$\log_2 (2 \times 4) = \log_2 8 = 3$

となっていて、確かに成り立っています。この法則の証明は、図4－2で確認してください（面倒な人はスルーしてもかまいません）。

この対数法則を使って、$\log_2 5$ の近似値を求めてみましょう。

ポイントは、$5^3 = 125$ と $2^7 = 128$ が非常に近い数値になっている、ということです。

まず、128は2の7乗ですから、底が2の対数を取れば7となります。つまり、

$\log_2 128 = 7$

他方、125が5×5×5であることから、対数法則「対数の和は、積の対数」を使って、

$\log_2 125 = \log_2 5 + \log_2 5 + \log_2 5 = 3 \times \log_2 5$

となります。したがって、$\log_2 5$ の3倍と7が非常に近い数値だと判明します。ということは、$\log_2 5$ の値は $7 \div 3$ で近似できる、ということになり、約2.33、ということです。実際の数値をエクセルなどの表計算ソフトで求めると、2.321… ですから、おおよそ正しい値が求まっています。

常用対数と自然対数

対数の中で重要なのは、底が10の常用対数と底が無理数 e の自然対数です。順に説明しましょう。

常用対数は、底が10で、「10の何乗か」を計算するものです。たとえば、10の常用対数は1、$100 = 10 \times 10$ の常用対数は2、$1000 = 10 \times 10 \times 10$ の常用対数は3という具合になっています。これらを見ればわかることですが、常用対数とは「桁《けた》数引く1」を与えるものと言えます。実際、1000は4桁の数ですが常用対数は3となっています。

対数の中で最初に考え出されたのは常用対数です。16世紀から17世紀に生きたスコットランドの数学者ネイピアが発見しました。ネイピアが対数という計算法をなぜ開発しようとしたのか、はっきりしたことはわからないそうですが、当時の天文学者が大きな数の計算に難儀していたのを見るに見かねてのことであろう、と推測されています。

対数法則を使えば掛け算を足し算で代用でき、指数計算を掛け算で代用できる、とネイピアは発想したのです。

まず、対数表というのを作ります。これは、数たちの常用対数値を表にした冊子です。大きな数 a と b の積を計算したい場合、両者の対数値を対数表で調べ、それらの数値を足し算します $(\log_{10} a + \log_{10} b)$。対数法則からその和は、積の対数と一致します $(\log_{10} ab)$。したがって、対数値がこの値と一致する数を対数表から逆引きすれば、それは積 ab と一致しています。このように、掛け算が足し算で代用できるわけです。

前節で説明した底を2とした対数は、「2の何乗か」を計算するものでした。これは2進法で数を表した場合の「桁数引く1」となっているので、コンピューターで言うところのビット数と対応しています。コンピューターが発明された以降は、常用対数より底が2の対数のほうが重要です。

しかし、自然科学にとって最も重要なのは、数 e を底とした自然対数です。底 e の定義は後ほど述べますが、2.71828…という無理数で、ネイピア定数と呼ばれます。自然対数とは、「与えられた数が e の何乗か」を与える関数です。x の自然対数は底を明記せず $\log x$ と記します。($\ln x$ と記す流儀もある)。

なぜ、このような奇妙な無理数を底にするのか、というと、微分や積分の計算において、自然対数がみごとな性質を備えているからです。それは、第一に、「指数関数e^xが、微分すると不変で、e^xのままである」ということ。第二に、「$\log x$は微分すると、$1/x$という簡単な関数になる」ことです（微分を知らない人は、今後使わないので、気にしなくてかまいません）。

ネイピア定数eには、いろいろな定義方法がありますが、これまで出てきた記号で表現できる方法を用いるなら、「階乗数の逆数和」ということができます。

階乗数とは、72ページで述べた通り、1からnまでの積で、$n!$と記しました。したがって、$1+\frac{1}{1!}+\frac{1}{2!}+\frac{1}{3!}+\cdots$を計算したものが$e$の定義というわけです。階乗数は、2のべき乗よりも急激に大きくなる数です。したがって、その逆数は2のべき乗の逆数に比べても急激に0に近づきます。したがって、階乗数の逆数和は有限になる、と直観的に理解できます。その有限値とは2.71828…で、正式にはeと記す無理数なわけです。

素数定理

では、準備が整ったので、素数の確率についての解説に入りましょう。

図 4-3　素数定理

（素数定理）　x 以下の素数の個数を $\pi(x)$ とするとき、

$$\pi(x) \sim \frac{x}{\log x} \quad (x \to \infty)$$

となる。ここで、

$$f(x) \sim g(x) \quad (x \to \infty)$$

の意味は、$f(x)$ と $g(x)$ が x を大きくすると値が近づいていく（比 $f(x)/g(x)$ が 1 に近づき、収束する）、という意味。

18世紀のオイラー、19世紀のガウスの研究を経て、素数の個数に関する予想が生み出されました。それが「素数定理」と呼ばれるものです。x 以下の素数の個数は、伝統的に $\pi(x)$ と記します（ここの π は円周率とは関係ありません）。素数定理を言葉で言うと、

「x 以下の素数の個数 $\pi(x)$ は、$\frac{x}{\log x}$ で近似でき、x が大きくなるとどんどん値が近づいていく」

というものです。数式できちんと表現すると、図4－3のようになります。

この素数定理が、どの程度、近似として優れているかを見てみましょう。

図4－4を見てください。これは、10の6乗、すなわち、1000000について、それ以下の素数の個数と、$\frac{x}{\log x}$ を比較しています。素数は、78498個あります。他方、

図 4-4　$\pi(x)$ と $x/\log x$ の比較表

x	$\pi(x)$	$x/\log x$	比
10^2	25	21.7	1.152
10^3	168	144.8	1.160
10^4	1229	1085.7	1.132
10^5	9592	8685.9	1.104
10^6	78498	72382.4	1.084

1000000の自然対数の値、log 1000000、は、約13.8155です（エクセルなどで計算できる）。1000000 ÷ 13.8155 を計算すると約 72382.4 になります。

この二つを比較すると、非常に近い値だとわかるでしょう。実際、素数の個数と $\dfrac{x}{\log x}$ の比はかなり1に近く、8パーセントほどしかずれていません。非常に精度の高い近似だということです。

偶数の確率

素数定理は、素数の分布についての確率的な理解を与えてくれます。

準備として、まず、「偶数の確率」というものを考えてみましょう。

今、適当な自然数 n が与えられ、1以上 n 以下の自然数 x をでたらめに抜き出す場合、それが「偶数である確率」はいくつと考えられるでしょうか。おおざっぱには$1/2$と考えるのが自然でしょう。偶数の個数はおおよそ半分だからです。

実際、nが偶数なら、1以上n以下のn個の数には偶数がちょうど$n/2$個あるので、選ばれた数が偶数である確率は、

$$(偶数の個数)\div(全体の個数)=\frac{n}{2}\div n=\frac{1}{2}$$

を計算することによって、ちょうど$1/2$になります。これは直観通りです。nが奇数の場合は、ちょっとずれます。1以上n以下のn個の数には偶数がちょうど$\frac{n-1}{2}$個あるので、選ばれた数が偶数である確率は、

$$(偶数の個数)\div(全体の個数)=\frac{n-1}{2}\div n=\frac{1}{2}-\frac{1}{2n}$$

となります。nが十分に大きければ、最後の項$\frac{1}{2n}$は0に近い微小数として無視できますから、「おおよそ$1/2$」と判断してよいでしょう。両方の場合を合わせるには、

$$(\text{自然数 }x\text{ が偶数の確率}) \sim \frac{1}{2}$$

と近似記号〜で表せばよいです。要するに、nまでの偶数の個数がおおよそ$n \times \frac{1}{2}$だから、掛け算されている1/2が「偶数である確率」となるわけです。

素数の確率

素数定理にこれと同様の解釈をほどこしてみましょう。

$$(x\text{ 以下の素数の個数}) \sim \frac{x}{\log x} = x \times \frac{1}{\log x}$$

となっていることから、「x以下の自然数が素数である確率」は、おおよそ$\frac{1}{\log x}$だと考えられます。ただしここで、「偶数の確率」が一定なこととの違いは、確率が元の数xに依存している、ということです。xによって確率が変わってしまうので、次のように解釈し直すべきでしょう。

$$(x\text{付近の数が素数である確率}) \sim \frac{1}{\log x}$$

たとえば、xを先ほどの1000000とするなら、この付近にある数が素数である確率は、

$$\frac{1}{\log 1000000} = 1 \div 13.8155 = \text{約}\ 0.072$$

ということになります。

もう少し具体性を持たせるなら、「x付近の自然数L個の中に、素数はおおよそ$\frac{L}{\log x}$個ある」とするほうがわかりやすいでしょう。フランスの数学者ボレルが調べたところによると、9000000と10000000との間の長さ1000000の区間には素数が62090個存在します。他方、この区間の数が素数となる確率は、中間の数9500000の自然対数の逆数と考えられます。1000000 ÷ log 9500000 を実際に（エクセルなどで）計算すると、約62240となります。素数の個数とほぼ一致しているのが見てとれます。このように、x付近の数が素数である確率は、$\frac{1}{\log x}$と考えることには正当性があるのです

（参考文献［10］）。

注意してほしいのは、以上は単なる「解釈」にすぎない、という点です。これは厳密な意味での確率ではありません。なぜなら、数xを与えれば、それが素数かどうかはきちんと定まっていて、決してさいころを投げるような「これから決定される不確実現象」ではないからです。

しかし、このような素数定理の確率解釈が成り立つことは、私たちの素数についての直観的理解を一歩進めてくれます。それはこういう理解です。

ある自然数が素数かどうかはあらかじめ決まっています。手間はかかりますが、具体的に判定することができるからです。実際、2から判定したい数のルートまでの整数で順次割ってみればいいのです。したがって、素数かどうかは「確実」現象です。にもかかわらず、「xの付近の整数が素数である確率は$\frac{1}{\log x}$」ということが近似的に成り立っています。だから、実際の判定法を使わない場合には、xが素数かどうかに確率的な判断ができ、おおよそ合っているわけです。このことは、素数が確実現象でありながら、ある程度は不確実現象のように扱うことができる、ということを表しています。

大胆に解釈するなら、コンピューターでの素数判定が困難な現在では、素数は完全にランダムな現象と完全に規則的な現象との中間に存在するような何か特別な現象と考えられる、ということです。この素数のランダムネスについての理解は、第7章で解説するリーマン予想と深く関わっています。リーマン予想は、素数のランダムネスについてのある種の認識を与えてくれるものなのです。

もっと良い近似式がある！

実は、前節で得られた「素数定理の確率解釈」を使うと、素数定理よりも良い近似式を見つけることができます。

まず、次のようなことを考えてみます。

今、コップの中に焼酎《しょうちゅう》の水割り200グラムが入っているとします。そして、下部100グラムのアルコール濃度は20パーセントで、上部100グラムのアルコール濃度が10パーセントだとしましょう。つまり、下部は濃い水割り、上部は薄い水割りになっている、ということです。このとき、全体に入っているアルコールの分量を計算するには、上部と下部とを分けて計算すべきなのは当然です。下部に入っているアルコールの分量は、グラム数と濃度を掛けて、$100 \times 0.2 = 20$グラム。一方、上部に入っているアルコールの分量は、$100 \times 0.1 = 10$グラムです。したがって、コップに入っているアルコールの分量は、

図 4-5　*Li*(*n*) の式

$$Li(n) = \int_0^n \frac{1}{\log x}\,dx$$

この計算は、具体的には、下の曲線と x 軸とで囲まれた（符号付き）面積を求めることと同じ。

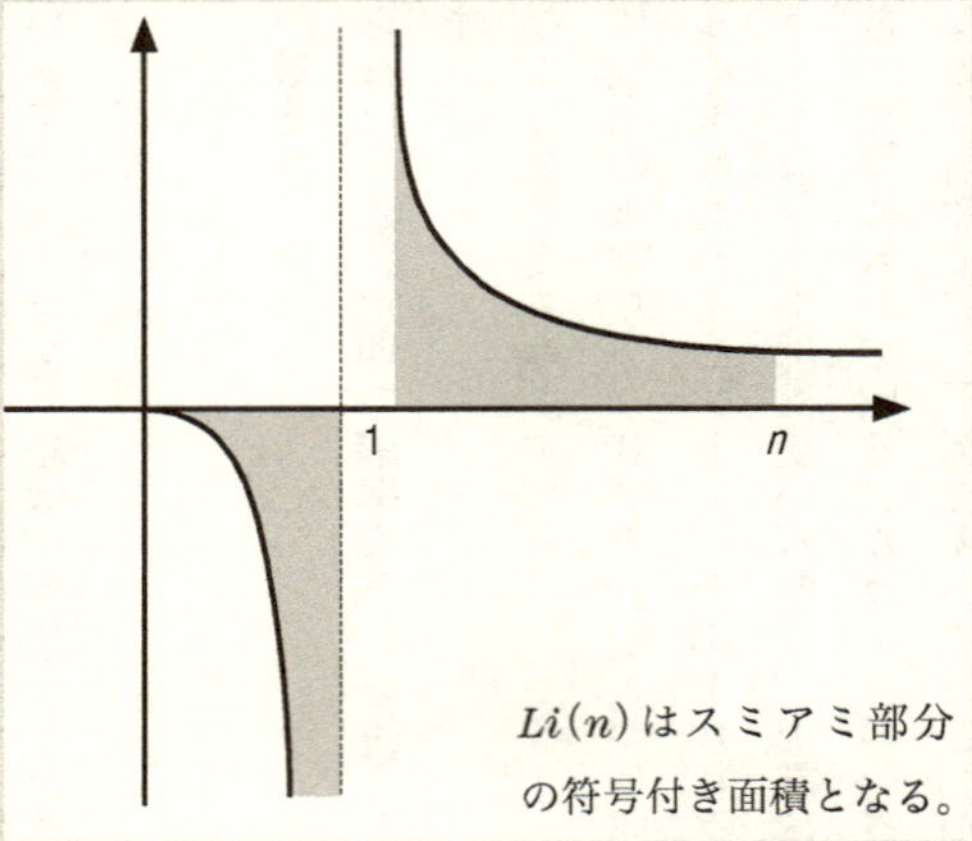
1
n
Li(n)はスミアミ部分
の符号付き面積となる。

図 4-6　$n/\log n$ と $Li(n)$ の比較

n	$\pi(n)$	$n/\log n$	$Li(n)$
10^2	25	21.7	29
10^3	168	144.8	178
10^4	1229	1085.7	1248
10^5	9592	8685.9	9630
10^6	78498	72382.4	78628

$100\times0.2+100\times0.1$

と計算するのが当然です。

「x 近辺の素数の確率が $\log x$ 分の1」と知った場合、素数の個数を計算するには、焼酎の水割りと同じ方法論を使うのが妥当でしょう。つまり、

$(x\text{近辺の整数の個数})\times\left(\dfrac{1}{\log x}\right)$ を足していく、ということです。n までの整数で、これを「滑らかに」実行すると、図4－5に示した積分計算になります（積分を知らない人は、眺めるだけでかまいません）。このように計算された値を $Li(n)$ という記号で書きます。

この関数 $Li(n)$ が、素数の個数を近似することを最初に見つけたのもガウスです。

最後に、これら二つの近似公式の精度を見てみましょう。図4－6です。

表をよく見つめれば、$Li(n)$ のほうが、$\frac{n}{\log n}$ に比べて、かなり良い近似であることが見てとれますね。これも、「素数の確率理解」を正当化する材料の一つです。

素数を数えるチェビシェフ関数

前節で出てきた $\pi(n)$ も $Li(n)$ も、n 以下の素数の個数を数える関数でした。他方、直接に素数の個数を数えるのではなく、「n 以下の素数に関して特定の計算をして集計する」関数も考察されています。それが、チェビシェフの第1関数と第2関数です。

チェビシェフは、第3章でベルトラン＝チェビシェフの定理のときに出てきた数学者です。チェビシェフ第1関数 $\theta(x)$ は、そのときに説明しました。すなわち、

$\theta(x)$ ＝（x 以下の素数の自然対数値の和）

というものです。たとえば、$x=10$ なら、x 以下の素数は2、3、5、7ですから、

$\theta(10)=\log 2+\log 3+\log 5+\log 7$

となります。この値は、おおよそ、5.347 ぐらいです。チェビシェフは、もう一つの関数 $\psi(x)$ も考察しています。これが、チェビシェフ第2関数です。$\psi(x)$ とは、x 以下に「素数べき p^k」があるごとに、$\log p$ を加えて計算する関数です。

$\psi(x)$＝（x以下に「素数pのべき乗」があるごとに、$\log p$を加えた総和）

たとえば、$x=10$とすると、10以下の素数べきは、2、4、8と、3、9と、5と、7ですから、$\log 2$を3回、$\log 3$を2回、$\log 5$と$\log 7$は1回、加え合わせた値となります。

$$\psi(10)=\log 2+\log 2+\log 2+\log 3+\log 3+\log 5+\log 7$$
$$=3\log 2+2\log 3+\log 5+\log 7$$

この値は、おおよそ、7・83です。

$\psi(x)$は、素数の個数と直接は関係ないように見えますが、実は、密接な関係を持っていることをチェビシェフが証明しました。次です。

> ▼チェビシェフの定理
> 大きなnについては、$\psi(n)\div\log n$が$\pi(n)$を近似する。

したがって、素数定理を証明するには、「nを大きくすると$\psi(n)$とnが近づいていくこと」を証明すればいい、とわかります。なぜなら、もしこれが証明できれば、「$\psi(n)\div\log n$と$n\div\log n$が近づいていく」ことがわかり、今の定理から「$n\div\log n$が$\pi(n)$を近似する」ことが示せるからです。

図4-7　$\psi(n)$ の値は n に近い

$\psi(10) = 7.83$

$\psi(20) = 19.26$

$\psi(30) = 28.47$

$\psi(40) = 36.21$

チェビシェフの定理は、次のように直観的に解釈できます。すなわち、$\psi(x)$ の値が増加するのは、おおよそ x が素数 p のときであろう、と判断できます。素数のべき乗のときもありますが、素数のべき乗は非常に少ないので、素数 p の場合がほとんどとなるのです。そのとき、$\psi(x)$ の値の値は、$\log p$ だけ増加します。すると、$\psi(x) \div \log x$ はだいたい、$\log p \div \log p$ の分、すなわち、1だけ増加すると考えられます。つまり、「素数 p を通過するとき、$\psi(x) \div \log x$ は約1だけ増加する」ことになる、と推測できます。これは素数の個数 $\pi(x)$ を近似していると解釈できます。

さて、このチェビシェフ第2関数 $\psi(x)$ と、x とが近い値となることは、数値で見てみると成り立ちそうだとわかります。図4－7において、$x = 10, 20, 30, 40$ に対して、$\psi(x)$ の値を計算してあります。これらがそれぞれ、10、20、30、40に近いことが非常によくわかります。この事実を数学的に証明する方法は、第7章で解説します。

以上で、素数の入門編である第1部は終わりです。第2部では、もっと深い素数の森を散策することとしましょう。

3 ラマヌジャンとタクシー方程式

インド出身のラマヌジャンは、第2章、第8章で解説しているように、現代の数論に大きな発展をもたらした数学者です。

ラマヌジャンは、インドには自分の数学を理解する人がいなかったため、イギリスの数学者ハーディに、自分の発見を手紙で送り、それがきっかけでイギリスに招聘《しょうへい》されることとなりました。しかし、ラマヌジャンは、伝統的な数学の教育を受けていないため、「証明を書く」という習慣を持っておらず、ハーディにも十分には理解されませんでした。ラマヌジャンは、「直観的」で「発見的」な数学を得意としたのです。

そんなラマヌジャンの性向を知るための有名なエピソードがあります。

ある日ハーディが、自分の乗ったタクシーの番号が「1729」であることを述べ、「どちらかと言えば、退屈な数字だった」と言いました。すると、ラマヌジャンは、「いや、非常に面白い数だ」と反論しました。そして、「1729は、二つの3乗数の和に2通りに分解できる最小の自然数です」と言ったのです。つまり、

$1729 = 9^3 + 10^3 = 1^3 + 12^3$

というわけです。実際、1729より小さい自然数には、そのような数はありません。それ以降、

方程式　$x^3 + y^3 = n$

は、「タクシー方程式」と呼ばれ、数学者の研究対象となりました。たとえば、シルヴァーマンは、「任意の1以上の整数kに対して、この方程式が少なくともk通り以上の整数解を持つような自然数nが必ず存在する」という定理を述べました（参考文献［18］）。しかし、整数解（負数を含む）でなく、自然数解（正の整数に限る）とすると、問題は非常に難しくなり、同様な結果は現在でも得られていないそうです。実際、3通りの3乗数の和に分解できる数は、1983年になって、やっと発見されました。それは、

$15170835645 = 2468^3 + 517^3 = 2456^3 + 709^3 = 2152^3 + 1733^3$

です。

第2部　素数が作る世界

第5章　RSA暗号はなぜ破られないのか

ここから、第2部に突入します。第2部ではより深い素数の森を散策します。理系の読者は、「なるほど、そういうわけなのか！」となってくださるでしょう。文系の読者は、「へえ！　素数ってそんなに芳醇《ほうじゅん》な世界観を持っているのか」と驚いてくださるでしょう。

第2部の幕開けの話題として、RSA暗号の話をしましょう。これは、現実に利用されている素数を使った暗号技術です。現在のインターネット社会では、パスワードがあらゆる場面で用いられます。このパスワードの安全性を保証しているのがRSA暗号なのです。

パスワードと暗号

読者の皆さんは、スマートホン（スマホ）やインターネット上でパスワードを使っておられるでしょう。パスワードとは、そのIDの所有者であることを証明する文字列のことです。パスワードはせいぜい8から20文字程度の文字列です。これが第三者によって見破られ盗まれると、アカウントを乗っ取られ、なりすましをされてしまいます。下手をすると、銀行預金を引き出されてしまうことにさえなりかねません。

そこで、利用者が入力したパスワードは別の文字列に置き換えられて記憶されます。その際、大事なことは、置き換えられた文字列のほうを第三者が入手しても、そこから元のパスワードを再現できないことです。言い換えると、パスワードをxとし、それを暗号化した文字列をyとするとき、xからyを作るのは簡単だけど、yからxに戻すのは不可能か、とんでもなく困難であるようになっている、ということです。

このことは簡単なようで、そうではありません。

皆さんは、コナン・ドイルの『踊る人形』という小説をご存じでしょうか。これは、シャーロック・ホームズという探偵が暗号を解読する推理小説です。解くべき暗号は、いろいろな格好の人形を並べた絵です。これは、アルファベットを人形の形に置き換えた「換字式暗号」となっています。だから、どの絵がどのアルファベットに対応するかを見破れば、暗号が解けてしまいます。ホームズは、「英語の文章にはアルファベットeが多く現れる」などの知識をヒントにして、人形の絵とアルファベットの一対一対応を見破っていくのです。

換字式暗号は、このように、言語学的・統計学的な知識から簡単に解かれてしまいます。第2次世界大戦中にも、ドイツのエニグマ暗号や日本のパープル暗号が連合軍によって解読されて、それが連合軍の勝利に貢献したことは有名です。

RSA暗号の誕生

そんな中、1970年代に新しい暗号技術が発明されました。RSA暗号と呼ばれる、従来と全く異なる仕組みの画期的な暗号化の方法です。それは、数論の定理と素数の性質を利用するものでした。

RSA暗号はMIT（マサチューセッツ工科大学）の3人の計算機科学者、リベスト、シャミア、エーデルマンによって1977年に発明されました。3人の名前の頭文字をつなげたのが、RSAです。これは、単純な換字式ではなく、「割った余り」を利用する数学的な仕組みになっています。

まず、おおざっぱに概要を説明します。

RSA暗号では、暗号化のために、自然数Nと自然数rをあらかじめ準備しておきます。Nは異なる大きな素数二つの積とします。その上で、暗号化したい文章を数に置き換えます。これは文章中の「ひらがな」、濁点「゛」、半濁点「。」を「あ→01、い→02、……、ん→48、゛→50、。→51」のように数と一対一対応させ、文章を数に置き換えるのです。たとえば、「そすう」は「そ→15、す→13、う→03」なので「151303」と置き換わります。このような文章の数値化をxとします。このxをr乗した数をNで割った余りを計算し、結果を暗号yとするのです。

暗号化：x→（xのr乗をNで割った余り）→y

これがRSA暗号の基本的な仕組みです。

暗号yを元のxに戻す（復号）には、秘密の数である自然数sを用います。暗号yのs乗をNで割った余りを求めれば、元の数値xに戻ります。

復号：y→（yのs乗をNで割った余り）→x

ＲＳＡ暗号は、暗号化の鍵《かぎ》（公開鍵）と復号のための鍵（秘密鍵）が異なっているのが特徴です。Nとrが世の中に公開できる公開鍵で、整数sが秘密鍵です。誰もが公開鍵Nとrから数xを数yに暗号化できますが、秘密鍵sを知らなければ、数yを数xに戻すことができません。また、公開鍵Nとrから秘密鍵sを直接的に割り出すこともできません。秘訣《ひけつ》は、Nを巨大な素数二つの積とする、という点にあります。

具体例をお見せしましょう。巨大な素数を扱うのは紙面上無理なので、ここでは、二つの素数を3と11にします。この場合、公開鍵Nは$N=3\times11=33$と設定されます。もう一つの公開鍵rは、ここでは$r=7$としておきます。公開鍵が$r=7$の場合、秘密鍵は$s=3$と決まります。これらの選び方は後の節で解説します。

ここで、ひらがな「い」を暗号化しましょう。まず、「い」は先ほど説明したように、（02＝）2と数値化します。次に、2を7乗（r乗）して、33（＝N）で割った余りを出します。2の7乗は128だから33で割ると余りは29です。この29が暗号化された「い」なのです。

では、暗号29を元に戻すには、どのようにするのでしょうか。それには秘密鍵$s=3$を使います。29を3乗（s乗）して33で割った余りを出します。29の3乗は24389で、33で割ると余りは2。確かに元の数2に戻っています。
暗号化：2→(7乗し33で割った余り)→29
復号：29→(3乗し33で割った余り)→2
非常に簡単ですね。重要なのは、公開鍵のNとrを知っていても、秘密鍵のsはわからない、という点です。これも、後で明らかにします。

公開鍵暗号が安全な理由

公開鍵暗号が画期的なのは、暗号化の公開鍵と復号の秘密鍵が異なっている点にあります。たとえば、あなたが誰かから秘密の文章を受け取りたいとしましょう。そのとき、あなたは公開鍵（Nとr）を、相手だけでなく世の中全体に告知してしまいます。相手は、その公開鍵を使って、自分の文章を暗号に置き換え、あなたに送ります（手紙でも電送でもかまわない）。暗号を受け取ったあなたは秘密鍵を使って、復号して文章を読むことができます。

万が一、暗号を第三者が入手しても大丈夫です。第三者は、公開鍵を知っていますが、それから秘密鍵を知ることはできません。そこで元の文章を解読するには、あてずっぽうの文章を公開鍵で次々に暗号化して、傍受した暗号の数値と比較して見るしかありません。これが偶然一致するのは、天文学的に小さい確率で絶対無理です。

ただし、元の文章が数文字程度のパスワードの場合、不可能とは言えません。実際、こんな事件がありました。パスワードの暗号化された数値をハッカーが入手し、あてずっぽうの単語を次から次へと暗号化して、パスワードの暗号化数値と比較していって、一致するものを探し、元のパスワードを発見したのです。それは、辞書一冊分の単語を全部暗号化する、という周到な方法でした。辞書がデジタル化されている現在では、決して難しいことではありません。

このようなハッキングからパスワードを守るために、最近では、パスワードを単純な単語とするのは禁止し、数字や記号を含めなくてはならないルールになっているのです。

電子署名

RSA暗号には、非常に面白い使い方があります。それは、「文章を書いた人が、その公開鍵の公表者であることを証明する」という使い方です。世の中に怪文書というのが出回ることがあります。自分が書いたのでない文章があたかも自分が書いたようにされてしまうことです。RSA暗号を使えば、「書いたのは私です」ということを明確に保証することができるのです。これを電子署名といいます。

今、あなたの名前が「け」だったとしましょう。公開鍵は先ほどと同じ、$N=33$と$r=7$

とします。あなたは、「け」の数値化9を秘密鍵$s=3$を使って暗号化します。9の3乗（s乗）は729ですから、33で割った余りは3。そこであなたは、あなたの書いた文章の最後に「3」と署名します。この文章が確かにあなたの書いたものであることを確認する必要のある第三者は、この署名「3」を、公開鍵を使って暗号化してみればいいのです。3の7乗は2187で、それを33で割った余りは、9となります。これは「け」の数値化なので、確かに署名の主はあなたであると保証されるわけです。

署名：9→(3乗して33で割った余り)→3

確認：3→(7乗して33で割った余り)→9→「け」

暗号化して9に戻る元の数値がわかるのは、秘密鍵$s=3$を知っている人だけです。したがって、署名者は公開鍵を公開している本人だということが保証されるわけです（もちろん、実際の電子署名には巨大な数Nを用います）。この電子署名は、ビットコインと呼ばれるネット上で流通するお金で、保有者を証明するために利用されています。

フェルマーの小定理からオイラーの定理へ

それではいよいよ、RSA暗号の仕組みを説明しましょう。RSA暗号を可能とする原理は、「オイラーの定理」という数論の定理です。

第2章で「フェルマーの小定理」と呼ばれる法則を説明しました。それは、復習すると、次のような定理でした。

▼フェルマーの小定理
pを素数、aをpの倍数でない自然数とする。このとき、a^{p-1}をpで割った余りは必ず1となる。

オイラーは、この定理を次のようにバージョンアップしました。

▼オイラーの定理
Nを2以上の自然数とする。また、N以下の自然数でNと互いに素なものの個数をmとする。このとき、aがNと互いに素な自然数ならば、a^mをNで割った余りは必ず1となる。

ここで、「Nと互いに素」というのは、「Nとの公約数が1以外ない」ということです。あるいは、「共通の素因数がない」、と言い換えても同じです。

具体例として、前の節でも例としてきた$N = 3 \times 11 = 33$を取りましょう。33以下で33と互いに素な自然数とは、3の倍数でも11の倍数でもないものだから、

1, 2, 4, 5, 7, 8, 10, 13, 14, 16, 17, 19, 20, 23 ,25, 26, 28, 29, 31, 32　…①

の20個となります。したがって、オイラーの定理では$m = 20$となりますから、「33と互いの素な任意の自然数の20乗を33で割った余りは1となる」、というのがオイラーの定理なわけです。たとえば、33と互いに素な自然数として$a = 2$を選びましょう。2の20乗は1048576です。これを33で割ると、商が31775で余りが1となります。確かにオイラーの定理が成り立っています。

これが「フェルマーの小定理」の直接の拡張となっていることは次のようにすればわかります。

今、オイラーの定理におけるNを素数pとしましょう。このとき、N以下の自然数でNと互いに素なものは、1から$(p-1)$の自然数全部ですから、$m = p - 1$となります。したがって、aのm乗とは、aの$(p-1)$乗ですから、この場合の「オイラーの定理」は「フェルマーの小定理」と一致します。

これらの定理の証明は第8章で解説しますので、ここでは成り立つことを前提として進んでいきます。

RSA暗号の仕組み

準備が整ったので、RSA暗号の仕組みを解説します。素数3と11を使って、$N=3\times 11=33$を例とします。

$N=33$以下で33と互いに素な自然数は、先ほどの①の20個の数です。個数20を求めるには、具体的にそれらの数を列挙しなくとも、次のような計算でわかります。すなわち、それらの個数mは、1から33までの33個から3の倍数の個数を引き、11の倍数の個数を引き、重複して引いてしまった33の1個を補えば得られます。すなわち、

$$m=33-(3\text{の倍数の個数})-(11\text{の倍数の個数})+(3\text{と}11\text{の公倍数の個数})$$
$$=33-(33\div 3)-(33\div 11)+(33\div 33)$$
$$=33-11-3+1$$
$$=(3-1)(11-1)=20$$

です。

「オイラーの定理」によって、これらの中の任意の自然数aについて、

「a^{20}を33で割った余りは必ず1」

が成り立ちます。

次に公開鍵として、$m=20$と互いに素な20以下の自然数rを好きに選びます。20と互い

に素な自然数は、

1, 3, 7, 9, 11, 13, 17, 19　…②

の8個です。この中から、rとして7を選びましょう。この公開鍵$r＝7$に対して、秘密鍵sは「rsを20で割った余りが1」となる自然数sを②の中から選びます。このようなsが②の中に必ず存在し、しかも唯一です（第8章で解説）。実際、この場合は、$s＝3$が、$rs＝7×3＝21$からそれを満たします。

以上から、「い」を数値化した2を7乗して33で割った余りで暗号化した29に対して、29を3乗して33で割って余りを出すと元の2に戻ること、その理由が説明できます。

（「2^7を33で割った余り」の3乗）を33で割った余りは、「余り算原理」（79ページ）から、

（2^7の3乗を33で割った余り）と一致します。これは、（$(2^7)^3＝2^{7×3}$を33で割った余り）となります。秘密鍵3を7×3が（20の倍数＋1）となるように選んだことから、これは

（$2^{20}×2^1$を33で割った余り）と書き換えられます。オイラーの定理から2^{20}を33で割った余りは1ですから、これは（$1×2^1$を33で割った余り）と一致し、2^1となります。結局、

（（2^7を33で割った余りの3乗）を33で割った余り）$＝2^1$

となって、元の数2に戻ることが説明できました。

一般の場合は図5－1に解説しました。

図 5-1　RSA 暗号の一般の場合

異なる素数 p と q に対して $N=pq$ とする。N 以下で N と互いに素な自然数の個数 m は、

$m=N-$（pの倍数の個数）$-$（qの倍数の個数）$+$（pとqの公倍数の個数）

$=N-(N\div p)-(N\div q)+(N\div pq)$

$=pq-p-q+1$

$=(p-1)(q-1)$

となる。r と s を、N 以下で N と互いに素な自然数の中から、

$rs=20t+1$

となるように選ぶと、

（a^r を 33 で割った余りの s 乗）を 33 で割った余り

$=$（$(a^r)^s$ を 33 で割った余り）

であり、

$(a^r)^s=a^{rs}=a^{20t+1}=(a^{20})^t\times a$

オイラーの定理から、a^{20} を N で割った余りは 1 なので、

（$(a^r)^s$ を 33 で割った余り）$=1^t\times a$

つまり、a そのものとなる。

RSA暗号が破られないのはなぜか

このRSA暗号の秘密鍵 s が他者には見破られないのはなぜでしょうか。

Nは、異なる巨大な素数pとqに対して、$N=pq$と設定されています。このとき、Nと互いに素なN以下の自然数の個数mは、図5－1で説明したように、

$m=(p-1)(q-1)$

となっています。Nは巨大な数なので、暗号化したい文章を数に置き換えたaはN以下になり、(奇跡のような偶然の一致を除けば)、Nと互いに素になります。公開鍵rはmと互いに素なm以下の数を好きに選びます。公開鍵rとペアになる秘密鍵sは、rsをmで割って1余る数です。これは$m=(p-1)(q-1)$を知らないと求めることができません。このmは、$N(=pq)$から直接求めることはできず、Nの素因数pとqを両方知る必要があります。つまり、$N=p\times q$と素因数分解しなければなりません。ところが、巨大な整数の素因数分解は、うまいアルゴリズムが見つかっておらず、高速のコンピューターを使っても100年以上かかってしまうのです。したがって、Nとrから秘密鍵sを実用的な時間内で見破ることは、現時点では不可能なのです。これが、私たちのパスワードのセキュリティを守っている原理なのです。

安全素数

前節で、RSA暗号が破られないのは、素因数分解の困難さにあることを説明しました。ここで注意が必要なのは、「大きな数の素因数分解には、実用的なアルゴリズムがない」と言っても、それは「一般的なアルゴリズム」という意味だということです。特定のタイプの整数に限れば、偶然うまくいくアルゴリズムがいろいろ発見されています。RSA暗号を使う場合、そういう「必ずではないが、高い確率で因数分解できてしまう」ことだってまずいので、回避しなければなりません。

特殊なタイプの整数に関して、高確率で素因数分解ができる有名なアルゴリズムに、「ポラードの $p-1$ 法」というものがあります。これは、ポラードというイギリスの数学者が1974年に発表した方法です。

$p-1$ 法とは、素因数分解したい N の素因数 p で、$p-1$ が「小さな素数だけで素因数分解できる」ものが存在する場合に使えるアルゴリズムです。手早く N の素因数 p を見つけることができます。$p-1$ 法の原理は次節で解説します。

この $p-1$ 法で素因数分解されないようにするために注目されたのが、「安全素数」と呼ばれる素数です。安全素数とは、p も素数で $2p+1$ も素数であるような $2p+1$ のことです。

たとえば、2と $2\times2+1=5$ は素数ですから、5は最初の安全素数です。3と $2\times3+1$

=7は素数なので、7は二番目の安全素数です。100までには、これ以外に、11、23、47、59、83が安全素数です。

これらが安全素数と呼ばれるのは、ポラードの$p-1$法でも素因数分解が困難だからです。今、$N=ab$で、aとbが大きな素数であるばかりでなく、安全素数であるとしましょう。すると、aはある大きな素数pによって$a=2p+1$となります。このとき、$a-1=2p$はpが大きな素数のため、小さい素数だけで素因数分解されません。素数bについても同様です。これによって、Nには$p-1$法が通用しないわけです。

ポラードの$p-1$法

それでは、ポラードの$p-1$法を解説しましょう。これも、「フェルマーの小定理」を応用するものです。フェルマーの小定理から、次のことが簡単にわかります。

▼フェルマーの小定理の応用
pを素数、aをpの倍数でない自然数、kを$(p-1)$の倍数とする。このとき、a^kをpで割った余りは必ず1となる。

図 5-2　「フェルマーの小定理の応用」が成り立つ理由

「掛け算と割った余りを出す計算は順序を入れ替えることができる」
（余り算原理）から、たとえば、
kが（$p-1$）の2倍、すなわち、$k=2(p-1)$の場合には、
（$a^{2(p-1)}$をpで割った余り）
＝（$a^{p-1}\times a^{p-1}$をpで割った余り）
＝（a^{p-1}をpで割った余り）×（a^{p-1}をpで割った余り）
＝1×1＝1
となる。同様に、($p-1$)の倍数である任意のkについても証明できる。

要するに、「pで割った余りが1」ということが、指数（$p-1$）ばかりでなく、その倍数でも成立する、ということです。この応用が成り立つ理由は、図5－2で読んでください。

ポラードの$p-1$法は、「フェルマーの小定理の応用」を利用して、次の手順で実行します。今、仮にNが61を素因数に持っているとします。61は安全素数ではなく、

$61-1=2\times2\times3\times5$

と小さい素数で素因数分解できることがミソです（通常、61も小さい素数ですが、この場合は、説明の便宜のため、大きい素数と考えましょう）。

$N=61\times q$（qは非常に大きな安全素数）だとしておきます。

整数kを2, 2×3, 2×3×4, ……と階乗数（$n!$の形の数）でだんだん大きくしながら、kを指数とした2^k-1を計算していきます。

指数kが、素数2を2個と素数3と素数5を素因数に持つと、$61-1(=2\times2\times3\times5)$の倍数となるため、先ほどの定理から、$2^k-1$は61で割り切れるようになります。つまり、$2^k-1$は素因数61を持つわけです。したがって、$N=61\times q$と$2^k-1$とで最大公約数を計算すれば、自ずと$N$の素因数61が発見されることとなります。$p-1$が小さい素数だけで素因数分解されるなら、そういう指数kは早期に発見されることになるでしょう。具体的な作業は、図5－3を見てください。

このように、Nの素因数pに対し、$p-1$が小さい素数だけで素因数分解されると、指数kを、

$$2\to2\times3\to2\times3\times4\to2\times3\times4\times5\to\cdots$$

と順に階乗数として大きくしていけば、かなり早期にkが$p-1$の倍数に到達します。

たとえば、素数$p=127$ならば、

$$p-1=126=2\times3\times3\times7$$

であることから、kが$2\times3\times4\times5\times6\times7$に到達すれば確実に発見されます。また、たとえば、素数$p=257$のときは、

図 5-3　ポラードの $p-1$ 法の例

$2^2-1=3$ と $N=61\times q$ との最大公約数は 1、

$2^{2\times3}-1=63=3\times3\times7$ と $N=61\times q$ との最大公約数は 1、

$2^{2\times3\times4}-1=16777215$

$=3\times3\times5\times7\times13\times17\times241$

と $N=61\times q$ との最大公約数は 1、

と続く。大事なのは次。

$2^{2\times3\times4\times5}-1$

は非常に大きい数だが、指数 k が、

$k=2\times3\times4\times5=(2\times2\times3\times5)\times2$

$=60\times2$

で、(61－1) の倍数となっている。したがって、「フェルマーの小定理の応用」から、

$2^{2\times3\times4\times5}-1$ は 61 を素因数に持つ。

だから、(q は十分大きい素数なので)、

$2^{2\times3\times4\times5}-1$ と $N=61\times q$ の最大公約数は 61、

となって、互除法によって N の素因数 61 が発見される。

$p-1=256=2\times2\times2\times2\times2\times2\times2\times2$

なので、kが2から10までの積に到達したら（10!が素数2を8個含むので）確実に発見されます。

この作業は、コンピューターを使えば、実用的な時間で可能です。なぜなら、最大公約数を求めるには、第2章・40ページで解説したように、「ユークリッドの互除法」というコンピューター向きの優れたアルゴリズムがあるからです。

このポラードの素因数発見のアルゴリズムは、Nの素因数の一つであるpについて、$p-1$が小さい素数だけで素因数分解されることにポイントがあります。したがって、安全素数を2個掛けてNを作れば、防ぐことができるのです。

女性の数学者ソフィ・ジェルマン

pと$2p+1$が両方素数である場合、$2p+1$を安全素数と呼びましたが、pのほうは「ソフィ・ジェルマン素数」と呼ばれます。これは、このような素数を研究した数学者ソフィ・ジェルマンの名を冠したものです。

マリ＝ソフィ・ジェルマンは、18世紀フランスの女性の数学者です。ソフィは、13歳のときにアルキメデスに関する本を読んで数学に目覚めました。当時は「女性が数学を勉強するべきではない」という風潮があって、両親はどうにかソフィが数学から離れるように仕向けたのですが、ソフィはこっそり勉強を続けたのです。彼女は、エコール・ポリテクニクというフランス最高の工科大学で数学を勉強したかったのですが、女性には入学が許されませんでした。そこで彼女は、その大学の学生と知り合いになって、講義ノートを入手して独習したのです。すごい意欲ですね。

この大学では、71ページにも登場したラグランジュという最高の数学者が講義しており、彼女は男性の偽名を使ってラグランジュの宿題の解答を提出していました。その解答に感心したラグランジュは、学生から解答者が若い女性で、独学で勉強している、ということを聞き出し、彼女の自宅を訪れます。それ以降、彼女を個人的に指導し、一流の数学者たちを紹介してくれたのです。

ソフィはその後、有数の数学者ルジャンドルとも共同研究をするようになり、数学者の仲間入りを果たすことになりました。

彼女は、ドイツの天才数学者ガウスとも偽名の男性名で3年にもわたって文通しました。フランス軍がドイツに侵攻した際、ガウスの身を案じたソフィは、父親の友人の将軍に依頼してガウスを保護してもらいました。ソフィの差し金であることを知ったガウスは、文通相手が女性だと初めて知ることになったのでした（参考文献［11］）。

ソフィ・ジェルマン素数とフェルマーの大定理

ソフィ・ジェルマンは、有名な「フェルマーの大定理」を研究しました。これは、「nが3以上の整数のとき、$a^n+b^n=c^n$を満たす自然数a、b、cは存在しない」という定理です。17世紀にフェルマーが予想を書き残してから1995年にワイルズが解決するまで、360年もの歳月を要した最難関の問題です。

nが3以上の整数ならば、nは4か奇素数pかの少なくとも一方は約数に持ちます。前者$n=4m$のとき、$a^n+b^n=c^n$は$(a^m)^4+(b^m)^4=(c^m)^4$と表せますから、「指数4に解がないなら指数nに解がない」とわかります。また、後者$n=pm$（pは奇素数）のとき、$a^n+b^n=c^n$は$(a^m)^p+(b^m)^p=(c^m)^p$と表せますから、「奇素数の指数pに解がないなら指数nに解がない」とわかります。指数4についてはフェルマー自身が17世紀に証明しましたので、残るは指数が奇素数pの場合を解決するだけとなりました。

ソフィ・ジェルマンは、方程式$a^n+b^n=c^n$の解a、b、cを2タイプに分けました。第一のタイプとは「a、b、cがすべてnと互いに素である」場合、第二のタイプとは「a、b、cの少なくとも一つはnの倍数である」場合です。そうして彼女は、次の定理を証明したのです。

▼ソフィ・ジェルマンの定理
nがソフィ・ジェルマン素数であるならば、フェルマーの大定理は第一の場合については正しい。

というものです。つまり、nがソフィ・ジェルマン素数（$2n+1$も素数となる素数）なら、「方程式$a^n+b^n=c^n$の自然数解a、b、cがあるなら、それは第二の場合である。すなわち、a、b、cのどれかはnの倍数になる」ということがわかります。

このソフィ・ジェルマンの定理は、個別の指数nについて順々にフェルマーの大定理を攻略していた18世紀では画期的なものでした。ジェルマンがいかに優れた数学者かがわかります。

また、フェルマーの大定理が解決された今も、ソフィ・ジェルマン素数にＲＳＡ暗号の面から別のスポットライトが当たっている、というのも意義深いことです。フェルマー素数とガウスの作図定理（60ページ）がそうだったように、数学では、一度意義をなくした結果も、再度表舞台に現れることがあるからステキなのです。

さて、以上の解説によって、素数というのが現代のＩＴ社会において重要な存在であることがおわかりいただけたでしょう。筆者が関わった推理ドラマ『相棒』でも（16ページ）、実はこのことが重要なテーマとなっていました。

第6章　虚数と素数

素数は、もちろん、整数の中の特別な数なのですが、もっと広い数世界の中で分析することでいろいろなことが発見されました。とりわけ、虚数から作られる複素数は、素数の性質を突き止める上で重要な数世界だということがはっきりしました。この章では、複素数についての入門的な解説をした上で、素数や素因数分解にどう応用されるかをお見せしましょう。

空想の楽園〜複素数

紀元前ギリシャのピタゴラスは、正の有理数に注目していました。有理数とは、分数のことで、整数と整数の比で表される数です。ピタゴラスの教義では、「宇宙は有理数でできている」とされていました。にもかかわらず、ピタゴラス自身は有理数でない無理数の存在を知っており、秘匿していました。それは、たとえば、2の平方根$\sqrt{2}$です。$\sqrt{2}$は、分数で表すことができず、1・414から始まって無限に続く循環しない小数で表され、数字の並びは不規則なものとなります。

ユークリッドは、線分の長さの比例関係を基礎にして、数というものを考えました。この場合、有理数も無理数も含みます。二つの線分の比が有理数の場合には、互除法（40ページ）によって通約でき、最後に出てきた長さを単位に測ると、二つの線分は互いに素な整数比となります。他方、比が無理数の場合には通約できず、互除法はいつまでも終わりません。このように、ユークリッドは、数を線分の比例と同一視していました。つまり、数とは1次元上の（直線を成して並んでいる）ものと考えていたことになります。

「数とは直線を成して並ぶもの」という考えに変革がもたらされるのが、「虚数」という新種の数の発見です。虚数というのは、負の数の平方根のことです。たとえば、−1の平方根、−2の平方根等々です。これらはそれぞれ、2乗すると−1、−2になる数です。

虚数は、長い間、「不可能な数」と見なされてきました。実際、（プラス）×（プラス）はプラスだし、（マイナス）×（マイナス）もプラスなのだから、2回掛けてマイナスになる数などこの世に存在しないように思えます。

ところが、16世紀に、虚数が無視できない存在になりました。この頃のイタリアでは、数学者たちは3次方程式の解を求めることに挑戦していました。デル・フェッロ、フォンタナ、カルダノといった数学者たちが、3次方程式の一般解法を発見したのです。このとき、3次方程式の三つの解がすべて実数であるにもかかわらず、その表現にどうしても虚数が現れる、という奇妙な現象に直面しました。解は実数なのだから、どうにか表現の中の虚数を取り除けないか、とがんばったのですが、できませんでした。後でわかることですが、3次方程式の解から虚数を消すことは原理的に不可能なのです（この辺の歴史については、拙著［12］を参照してください）。

虚数単位 i

-1の平方根を虚数単位と呼びます。虚数単位は、そのまま、$\sqrt{-1}$と記すこともありますが、普通は、i、という記号で表します。iは英語imaginary（空想上のという意味）の頭文字です。「空想上の」という言葉でわかるように、数学者たちは、この数を現実の世界には存在しない数と考えたわけです。虚数の発見は、その後の数学が抽象的な数世界や空間をどんどん創造していく先駆けとなりました。

虚数単位iは、2個掛けると-1となります。$i \times i = -1$ということです。一般の負の数の平方根は、虚数単位iだけがあれば、すべて表現することができます。たとえば、-2の平方根は$\sqrt{2} \times i$で表せます。なぜなら、この数を2個掛けると、

$$(\sqrt{2} \times i) \times (\sqrt{2} \times i) = (\sqrt{2} \times \sqrt{2}) \times (i \times i) = 2 \times (-1) = -2$$

と確かに-2になるからです。

2次元の数世界〜複素数

ユークリッドらが直線上の数、すなわち、1次元の数として想定した数たちを「実数」と呼びます。この実数に、虚数単位iを付加して、四則計算ができるようにした世界を「複素数」（complex number）と呼びます。複素数は、現在では、高校2年生で教わります。

複素数は、二つの実数を組にした、(実数) + (実数) × i という形の数の全体です。ここで、complexとは、「複合の」「合成の」などの意味を持っていますが、二つの実数を組み合わせてできているので、なるほどの命名です。

先回りして言うと、実数と複素数には共通点と相違点があります。共通点は、「四則計算ができる」ということです。相違点は、「実数には大きさの順位があるが、複素数には大きさの順位がない」ということです。実数は、直線を成して並んでいるので、その並び方の順序が大小の順序となっています。複素数は、この後説明するように、「平面を成して並んでいる」ので、大小の順序を与えることはできません。その代わりに、「原点からの遠さ」を与えることはできます。これも後で出てきますが、複素数の原点からの距離の2乗のことを「ノルム」と呼び、非常に重要な指標となります。

複素数の加減乗

複素数 $a + bi$ (a と b は実数) に対して、a のことを「実部」と言います。他方、b のことを「虚部」と言います。虚部がなくて ($b = 0$ で)、$a + bi = a$ なら、単なる実数です。新種の数であることを表すのは bi の部分で、こちらが「空想上の部分」に当たるわけです。

複素数の加法、減法、乗法はそんなに難しくありません。中学で習う、ルート数の計算と同じです。加法では、実部同士、虚部同士を足します。減法でも同じです。乗法は、展開公式と、$i \times i = -1$の性質を使って計算されます。詳しくは図6－1を見てください。除法については、少しテクニカルなので省略します。

複素数は平面と同一視される

前の節で説明したように、複素数は平面を成して並ぶ数だと考えます。初めてそう考えた数学者は何人かいるようですが、その1人がガウスでした。図6－2のように、$a+bi$という複素数は、平面上の座標(a, b)の点と同一視されます。

このように、各点に複素数を対応させ、複素数を2次元に並べた平面を「複素平面」とか「ガウス平面」などと呼びます。

横軸は、実数軸と呼ばれます。この軸上の点たちが、私たちに馴染《なじ》みがある実数全体です。つまり、実数は複素数の一部分に直線として埋め込まれているわけです。他方、縦軸は虚数軸と呼ばれ、2乗するとマイナスになる数が並んでいます。そして、平面全体に複素数の全体が並んでいるわけです。

複素数を平面と同一視することには、二つの意義があります。第一は、平面の幾何学を使って、複素数の代数法則を理解することができること。第二は、平面上の微分積分（2変数

図 6-1　複素数の加減乗

二つの複素数 $3+2i$ と $1+i$ に対して、足し算、引き算、掛け算をしてみる。

足し算は、実部同士、虚部同士で行う。

$(3+2i)+(1+i)=(3+1)+(2+1)i=4+3i$

引き算も、実部同士、虚部同士で行う。

$(3+2i)-(1+i)=(3-1)+(2-1)i=2+i$

掛け算は、多項式の展開公式と、$i\times i=-1$ とを利用する。

$(3+2i)\times(1+i)$

$=3\times1+3\times i+2i\times1+2i\times i$

$=3+3i+2i+2i^2$

$=3+3i+2i-2$

$=1+5i$

図 6-2　複素平面（ガウス平面）

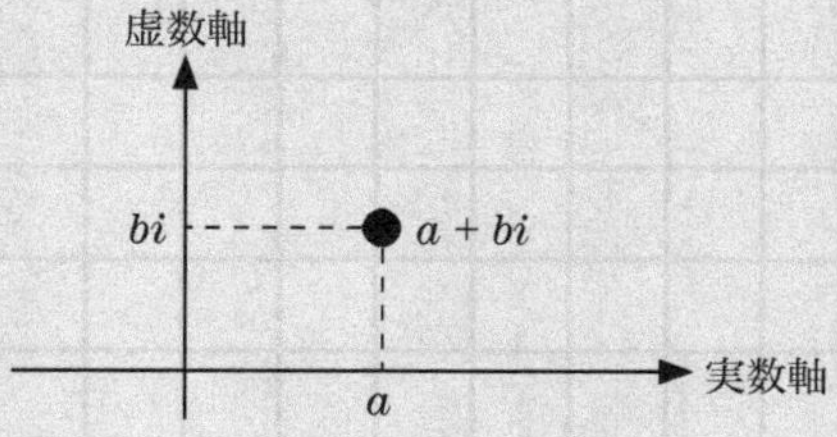

の解析学）を使って、複素数の性質を解析的に分析することができることです。この二つが、素数の解明に大きな役割を果たすこととなります。

本書では、複素数の四則計算が幾何的にどういう意味を持っているかとか、解析的な性質とかには触れませんので、拙著（参考文献［12］）を参照してください。

n次方程式には必ず解がある

ガウスは、複素数を深く研究しました。最も重要な成果は、「代数学の基本定理」と呼ばれる定理を証明したことです。

多項式で作られる方程式には、実数世界には解が存在しないことがままあります。たとえば、2次方程式$x^2+2=0$には実数解はありません。これは、$x^2=-2$と変形すれば、-2の平方根を求めることと同じなので、実数の世界には解がないわけです。他方、複素数の世界には解を持つことは前の節で解説しました。$\sqrt{2}i$が解の一つとなります（もう一つの解は、$-\sqrt{2}i$）。

このように、実数を係数としたすべての2次方程式は、複素数の世界に2個の解を持ちます。しかし、3次方程式でもそうか、もっと高次の方程式でも解を持つか、ということは難しい問題でした。それを解決したのがガウスだったわけです。結論は、「実数係数のn次方

図6-3　n次方程式の解は、複素平面上の点

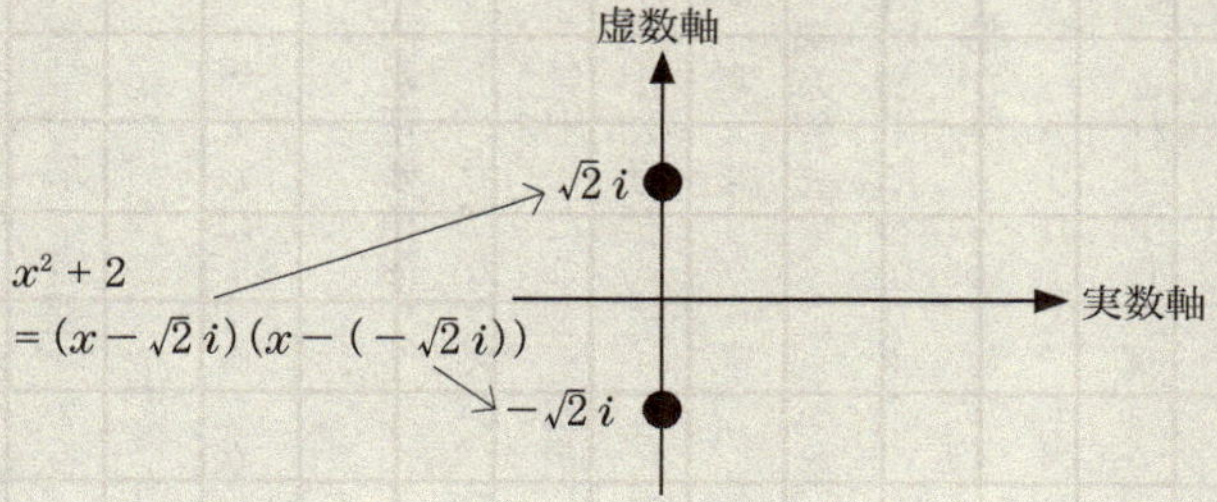

程式は、複素数の範囲に解を持つ」というものでした。これが「代数学の基本定理」です（代数学の基本定理の証明の仕方については、拙著［12］を参照のこと）。

n次方程式の解は、複素平面上の点として現れます。たとえば、先ほどの2次方程式$x^2+2=0$の2個の解は、図6－3の2点となります。複素数で解が2個ある理由は、多項式が2個の1次式の積に因数分解されることです。x^2+2は$(x-\sqrt{2}i)(x-(-\sqrt{2}i))$と因数分解されます。この因数分解の$x$に$\sqrt{2}i$を代入してみると、左側のカッコが0となるので、掛け算の結果が0となり、解だとわかります。xに$-\sqrt{2}i$を代入してみると、右側のカッコが0となるので、やはり掛け算の結果は0で、解だとわかります。

見ての通り、これらの解は実数軸の上にはありません。したがって、私たちが暮らす実数の世界（横軸の世界）ではこの解が見えません。しかし、複素数という「あの世」には解があります。「あの世」とは、実数軸の上部と下部に広がっている世界です。その「あの世」の2点として、解が現れているわけです。

「代数学の基本定理」から、複素数の世界では、n次式はn個のカッコの積に因数分解されます。したがって、(重複も数えれば) n個の解を持ちます。これらn個の解たちは、「あの世」も考えれば、すべてが点として浮き上がることになります。

複素数と正多角形

59ページで、ガウスが、コンパスと定規だけによる正多角形の作図とフェルマー素数との関係を見出《みいだ》したことを説明しました。実は、それには複素数が関係しているのです。

今、n次方程式$x^n-1=0$の解はn個ありますが、それをガウス平面に図示するとどうなるか、考えます。$n=4$の場合を例にしてみましょう。

4次方程式$x^4-1=0$は、x^4-1が$(x^2-1)(x^2+1)$と因数分解されることから、4個の解が簡単にわかります。x^2-1が0となるxは±1です。x^2+1が0となるxは$\pm i$です。この4個が解となるわけです。4個の解をガウス平面に図示すると、図6-4のようになります。

見てわかるように、4個の解は、円周上に90度おきに存在し、正方形の頂点に位置しています。これは中心が原点で、半径1の円周(単位円と呼ばれます)を4等分する点です。一般に、n次方程式$x^n-1=0$のn個の解は、ガウス平面上で、単位円をn等分する正n角形

図 6-4　方程式 $x^4-1=0$ の解

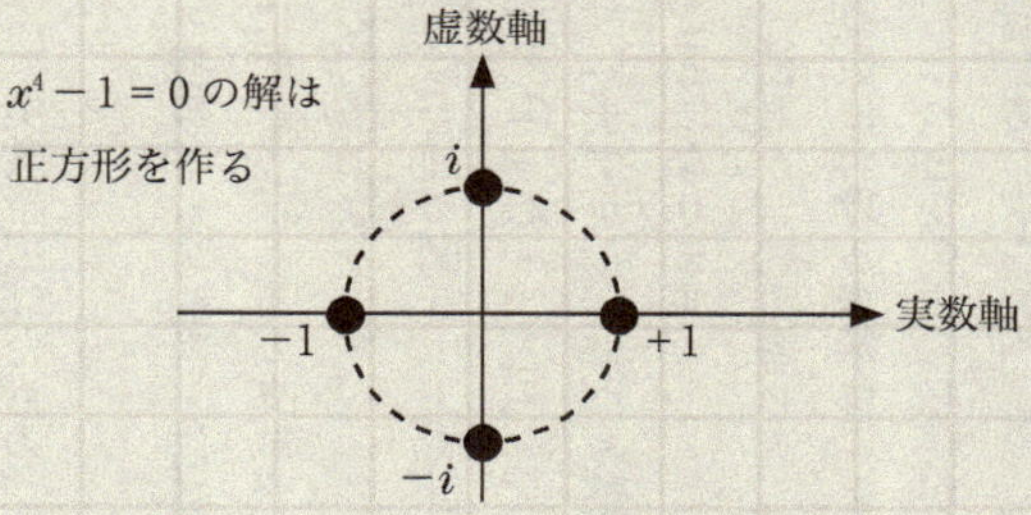

の頂点に位置することになります。そのうちの1個は実数1の位置です。このことから、ガウスは、正 n 角形の作図の問題を、n 次方程式 $x^n-1=0$ の解がどんな形をしているか、ということに帰着させました。そうして、n が素数の場合、コンパスと定規で正 n 角形が作図可能なのはフェルマー素数の場合である、ということを突き止めたのです。61ページに示した正17角形の作図法も17次方程式 $x^{17}-1=0$ の解を利用したものです。

ガウス整数

複素数についてのガウスのもう一つの重要な研究は、複素数の中に新たに「整数」と「素数」を定義したことです。ガウスは、(整数)+(整数)i という形の数を「複素数の中での整数」と定義しました。この形の数を「ガウス整数」と呼びます。もちろん、虚部のほうの整数を0とすれば、これは単なる整数となりますから、ガウス整数は通常の整数全体を含んでいます。実数を広げたものが複素数であるように、整数を拡張したものがガウス整数というわけです。

ガウス整数でも、約数・倍数は整数と同じように定義されます。すなわち、「ガウス整数αとβに対して、あるガウス整数γが存在して、$\alpha\gamma=\beta$となる」とき、βはαの倍数であり、αはβの約数となります。

たとえば、前に図6－1で計算したように、

$(3+2i)\times(1+i)=1+5i$

となっていますから、ガウス整数において、$1+5i$は$3+2i$の倍数、$3+2i$は$1+5i$の約数ということになります。

約数・倍数が定義できると、「ガウス素数」というものを定義できるようになります。ただし、整数における素数は「1と自分自身以外には約数を持たない」と定義されたのですが、それをちょっと変更する必要が出てきます。それは、「1がすべての正の整数の約数である」のと対応して、「1、-1、i、$-i$の4個はすべてのガウス整数の約数となる」からです。いま、ガウス整数αに1、-1、i、$-i$のどれかを掛けてできる数を「αの同伴数」と呼びます。ガ

ウス素数とは、「1、-1、i、$-i$と、同伴数以外に約数がないガウス整数」のことです。

フェルマーの2平方定理が複素世界に

ガウス整数$\alpha = a + bi$に対して、虚部の符号を反転させた$a - bi$のことを、「αの共役数」と呼びます（前節の同伴数と混同しないでください）。「αの共役数」のことを、上にバーをつけて、$\bar{\alpha}$と書きます。たとえば、$\alpha = 3 + 2i$の共役数は$\bar{\alpha} = 3 - 2i$です。共役数は、いわば「双子の複素数」のような関係です。四則計算をしても共役数同士であることが保たれるからです。そして、ガウス整数αとその共役数$\bar{\alpha}$との積$\alpha\bar{\alpha}$は常に整数になります。

たとえば、

$$(3+2i)(3-2i) = 3^2 - 2^2i^2 = 3^2 + 2^2 = 13$$

となっています。ここで、2番目の式は、展開公式$(x+y)(x-y) = x^2 - y^2$を利用しています。3番目の式は、$i^2 = -1$から出ます。

一般の複素数$\alpha = a + bi$とその共役数$\bar{\alpha} = a - bi$の積は、$a^2 + b^2$となります（前記の計算をなぞればいいです）。これは複素数αのノルムと呼び、$N(\alpha)$（あるいは$N(a + bi)$）と書きます。図6－5を見ればわかるように、複素数のノルムとは、ピタゴラスの定理により、原点から複素数までの距離の2乗と等しくなっています。

図 6-5　複素数のノルム

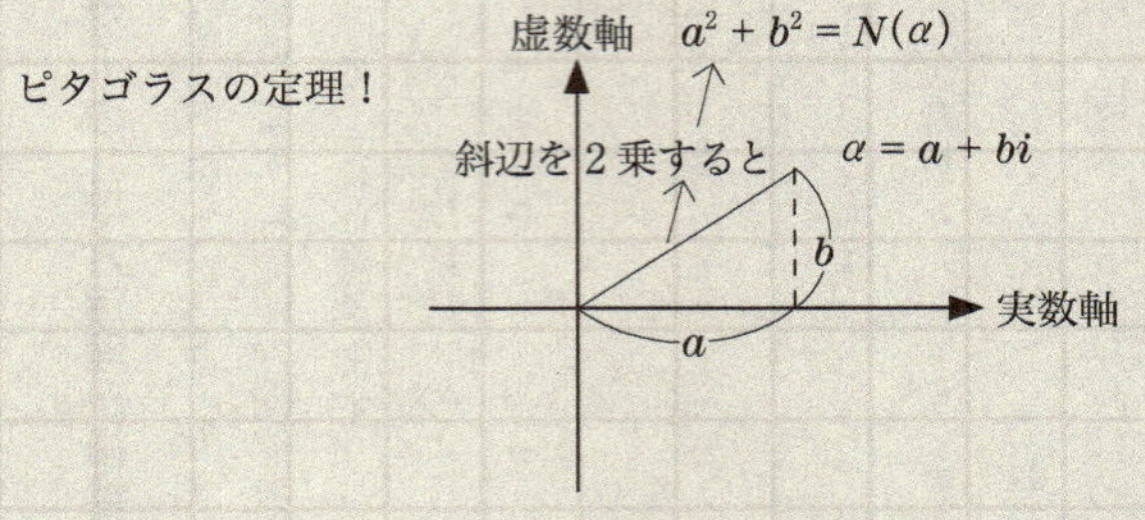

さて、先ほどの式、

$$(3 + 2i)(3 - 2i) = 3^2 + 2^2 = 13$$

をもう一度見てみましょう。13が2つの平方数の和で表されており、それが2個のガウス整数（共役数）の掛け算となっています。このことは、整数の中の素数13が、ガウス整数の中ではガウス素数でないことを意味しています。実際、この式から、ガウス整数13がガウス整数$3 + 2i$と$3 - 2i$という（1、-1、i、$-i$、同伴数以外の）約数を持っていることがわかります。整数の中では素数の13は、もっと広い空間であるガウス整数の中ではガウス素数ではなくなるのです。

この式を観察していると、「13がガウス素数でない」ということと「13が二つの平方数3^2と2^2の和で表せる」ということが同じことを意味しているとわかるでしょう。実際、$p=a^2+b^2$ なら、$p=(a+bi)(a-bi)$ です。これを定理としてまとめると、次のガウスの定理となります。

▼ガウス素数の性質
素数 p が４で割って１余る数なら、p はガウス素数でなく、ガウス素数 $a+bi$ とその共役数 $a-bi$ との積になる。とりわけ、$p=a^2+b^2$ と表される。
他方、素数 p が４で割って余り３の場合、p はガウス素数となり、二つの平方数の和では表せない。

この定理は、フェルマーの２平方定理（50ページ）が、ガウス整数の研究の中で再発見されたものと言えます。フェルマーが発見した「素数が二つの平方数の和で表されるか、されないかが、４で割った余りで分類できる」という性質が、ガウス整数の中では「ガウス素数かそうでないかが、４で割った余りで分類できる」という形で、より深い見方が提示されることになったわけです。この定理の具体例は、図６－６で見てください。
ガウスのこの研究を契機として、素数の研究の舞台は複素数世界へと拡がっていきます。素数についてだけでなく、数学の研究全体が複素数世界を舞台とするようになっていくのです。

図 6-6　ガウス素数である素数、そうでない素数

（4 で割ると 1 余る素数）

$5 = 1^2 + 2^2$　5 は掛け算 $(1 + 2i)(1 - 2i)$ に分解できる→ガウス素数ではない

$13 = 2^2 + 3^2$　13 は掛け算 $(2 + 3i)(2 - 3i)$ に分解できる→ガウス素数ではない

$17 = 1^2 + 4^2$　17 は掛け算 $(1 + 4i)(1 - 4i)$ に分解できる→ガウス素数ではない

⋮

（4 で割ると 3 余る素数）

3 は、1 の約数と同伴数以外の掛け算に分解できない→ガウス素数

7 は、1 の約数と同伴数以外の掛け算に分解できない→ガウス素数

11 は、1 の約数と同伴数以外の掛け算に分解できない→ガウス素数

⋮

ガウス整数は素因数分解に使えた！

（有理数）＋（有理数）$\sqrt{2}$の形の数集合とか、（有理数）＋（有理数）$\sqrt{-5}$の形の数集合などを数体と呼びます。数体の中での整数を定義し、その性質を研究することが、19世紀から20世紀にかけて進められました。その端緒が、ガウス整数だったわけです。

数体は、独自の数学的対象としてさまざまな興味深い性質が発見される一方で、実用的にも、素因数分解に役立つことがわかりました。それは、「数体ふるい法」と呼ばれる方法論です。

数体ふるい法は、$p-1$法（１３９ページ）を開発したポラードによって１９８８年に提唱されました。数体ふるい法の大きな成果としては、１９９０年に、10番目のフェルマー数（53ページ）、

$F_9 = 2^{2^9}+1$

が素因数分解され、素数でないことが解明されたことを挙げられます。

数体ふるい法とは、ガウス整数などの数体の世界での素因数分解を経由して、整数を素因数分解することです。つまり、いったん「あの世」に行って素因数分解してから、「この世」に戻ってくる、という感じなのです。

基本的なアイデアは、フェルマーが提唱した、平方数の引き算x^2-y^2を利用する素因数

分解の方法に結びつけるところにあります（47ページ）。数体ふるい法では、素因数分解したいNについて、「平方数の引き算でNの倍数となるもの」を試行錯誤で見つけるのです。必ずうまくいくわけではなく、偶然うまくいくことを狙うので、「確率論的アルゴリズム」と呼びます。

例として、ガウス整数を用いるものを提示しましょう。

今、素因数分解したいNを2117とします。$2117 = 46^2 + 1$となっていて、$x^2 + 1$の形であることから、$x^2 + 1 = 0$の解を作る数体を用いるのです。$x^2 + 1 = 0$の解の一つは虚数単位iですから、ガウス整数の世界を用います。素因数分解したいNが$x^2 + 1$の形でない場合には、その形に適した別の数体を使います。

まず、ガウス整数をランダムに選びます。たとえば、$1 + 5i$としましょう。そして、これをガウス素数で素因数分解します。

$1 + 5i = (1 + i)(3 + 2i)$

です（これは図6－1以降、何回か出てきた式です）。

ここで、このガウス整数を次のやり方で、普通の整数に対応付けます。すなわち、iを46に置き換えるのです（$a + bi$から$a + b \times 46$を作る、ということ）。ここで、46とは、$N = 2117 = 46^2 + 1$を満たす数でした。他方、虚数iは、$i^2 + 1 = 0$となる数でした。同じ（平方数＋1）という形が出てきているので、対応関係があるのです。それゆえ、iを46に置き換えることには数学的な必然性があります。このやり方で、左辺と右辺を別個に整数に対応付けましょう。

（タイプⅠ）　$(1+i)(3+2i) \to (1+46)\times(3+2\times 46)=47\times 95$

（タイプⅡ）　$1+5i \to 1+5\times 46=231$

タイプⅠでは、ガウス整数の積において、そのまま直接、iを46に置き換えています。他方、タイプⅡでは、ガウス整数の掛け算を計算した後で、iを46に置き換えています。

このように置き換え方が異なるため、必然的に出てくる整数も異なるものとなります。しかし、全く無関係な整数になるわけではありません。タイプⅠで出てくる整数と、タイプⅡで出てくる整数は、その差が必ず$N=2117$の倍数となるのです。実際、

$$47\times 95-231=4234=2117\times 2$$

となっています。このことの証明は難しくないですが、ここでは省略しましょう。

さて、対応する整数をどちらも素因数分解しましょう。

（タイプⅠ）　$(1+i)(3+2i) \to 47\times 95=5\times 19\times 47$

（タイプⅡ）　$1+5i \to 231=3\times 7\times 11$

以上によって、素因数分解が二つ得られ、その差が目標のNの倍数となっています。

さて、いろいろなガウス整数を持ち出して、このプロセスを繰り返しましょう。すると、タイプIの素因数分解とタイプIIの素因数分解がいろいろできます。このとき、先ほどと同様に、タイプIの素因数分解とタイプIIの素因数分解の引き算は、必ずNの倍数となっているのがミソです。このプロセスを適当な回数k回繰り返すと、タイプIに現れる素数がどの素数も2回ずつとなり、タイプIIに現れる素数もどの素数も2回ずつになる、ということが偶然起こり得ます。そういう幸運の偶然を狙うわけです。$N = 2117$の場合は、$k = 9$個のガウス整数の分解を使うことによって、このことが可能になります。タイプIでもタイプIIでも、すべての素数が2回ずつ登場するので、

(9個のタイプIの数の積) = x^2、

(9個のタイプIIの数の積) = y^2

となります（あまりに大きい数なので、表示は割愛します）。すると、先ほど述べた性質から、

(9個のタイプIの数の積) − (9個のタイプIIの数の積)

は$N = 2117$の倍数となりますから、このx、yについて、

$x^2 - y^2 = $ (2117の倍数)

となるわけです。これで、平方数の差が、素因数分解したいNの倍数となるものが見つかったので、47ページで説明したフェルマーの素因数分解法が可能となるわけです。実際、この

場合には、$2117=29\times73$が発見されます。この例では、たかが29×73を見つけるためのxとyが、非常に巨大な数となってしまうのですが、実用するときは、Nのほうが巨大で、xとyは比較的小さい数となります（詳しくは、参考文献［13］を参照のこと）。

ミクロの物理学に虚数が出現

ここまでずっと、虚数は、「空想の数」として語ってきました。確かに、20世紀以前の数学者たちの認識は、そうでした。しかし、20世紀の物理学の発展の中で、虚数がこの現実世界の中に「実在する」ことがわかったのです。それは、原子の中のミクロの物質の運動法則である量子力学という理論においてでした。

ミクロの世界における物質、たとえば、電子の運動を解析する際に、虚数によって記述することが避けられなくなったのです。きちんと説明するには、シュレディンガー方程式という難しい方程式が必要なのですが、ここでは、実際の理論を簡易化したものを使って、イメージ的な説明を試みることにしましょう。

原子は原子核と電子から構成されていますが、ポイントになるのは、原子核をまわる電子の運動が「確率的」になっている、ということです。ここで言う「確率的」とは、電子が原子核のまわりのどこにあるか、ということが不確実になっている、ということです。このこ

図 6-7　原子中の電子の簡易モデル

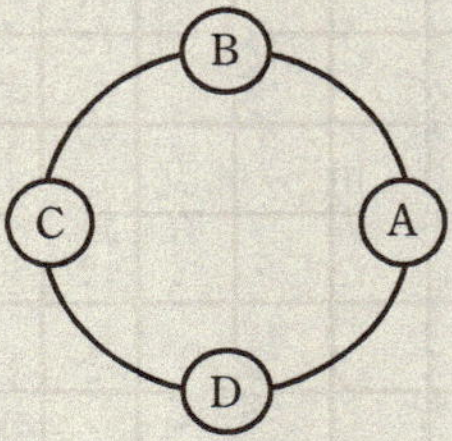

とを、図6－7の簡易モデルによって説明しましょう。

原子核をまわる電子の軌道を図中の大きな円とします。A、B、C、Dは、原子核をまわる電子が存在できる場所です。実際の原子核では、電子の存在できる場所は連続的ですが、ここでは円上のA、B、C、Dの4カ所のいずれかにのみ存在できるとします。ポイントとなるのは、電子はこの4カ所のどこかに存在するわけですが、どこにいるかは確率的であって、確定していない、ということです。

その「確定していない」ことを表現するものとして、波動関数という数値が割り当てられています。波動関数とは、量子力学において確率の役割を果たすものです。図6－8で説明をします。

図6－8のモデルをガウス平面で図示したものが、図6－9です。A、B、C、Dの各場所に与えられている波動関数の値は、●の点が表す複素数です。波動関数のノルムが各場所での電子の存在確率ですが、「ノルムとは原点からの距離

図 6-8　波動関数

ここでは、図 6-7 のモデルに、仮に、波動関数の値を次のように割り当てて、解説しよう。

A の波動関数値 = 1/2

B の波動関数値 = i/2

C の波動関数値 = −1/2

D の波動関数値 = −i/2

波動関数の値とは、見ての通り複素数値だが、その意味は、「波動関数値のノルムをとると確率になる」ということである。たとえば、B の波動関数値は、i/2 だが、これは複素数、

$$0+\frac{1}{2}i$$

のことだから、

ノルム $N(i/2) = 0^2 + (1/2)^2 = 1/4$

つまり、電子が B に存在する確率は 1/4 ということになる。同様に、A、C、D の波動関数値のノルムがみな 1/4 なので、電子は 4 カ所のどの場所にも同じ確率 1/4 で存在する、ということになる。これを量子力学の「確率解釈」と言う。

図 6-9　電子の運動の簡易モデル

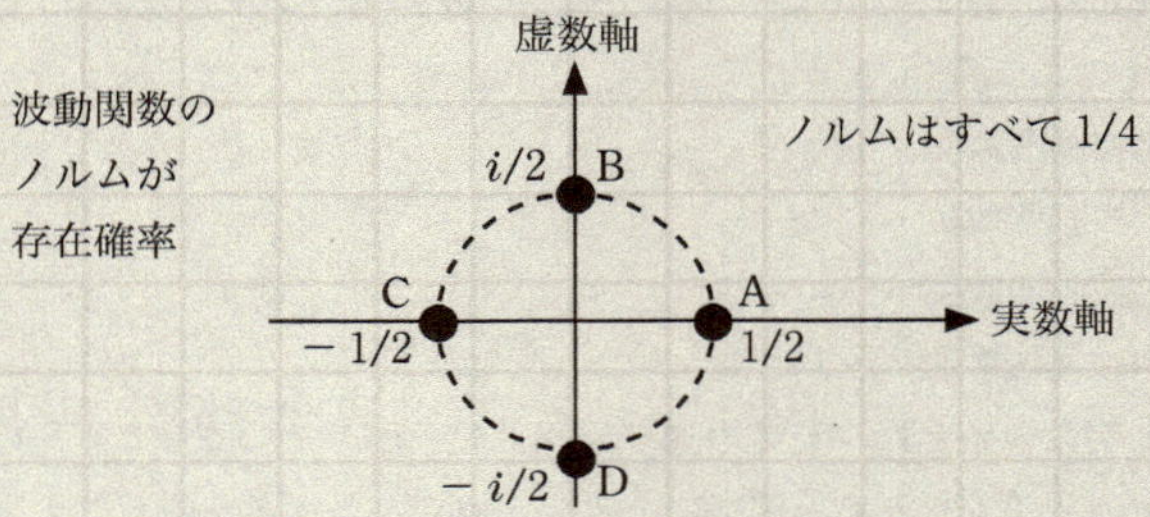

の2乗」ということを思い出せば、すべて$\frac{1}{4}$だと計算なしで理解できるでしょう。

この確率解釈を理解する上で重要なことは、「四つの小円A、B、C、Dのどこか1カ所に電子が潜んでいて、それがどこだかわからないから、確率$\frac{1}{4}$としているということではない」ことです。そうではなく、「電子は波動関数値をとる波動となって、四つの小円全部に同時に存在している」のです。どうしてそれがわかるか、というと、電子が光や音波と同様に、「干渉」という現象を起こすからです。

干渉というのは、複数の波動が重なり合うことで、強め合ったり弱め合ったりして、縞《しま》模様を形成する現象です。たとえば、別方向から来た二つの音を、ある場所で観測するとき、その音波がたまたま反対向きの振動をしていると、打ち消し合って音が聞こえなくなるのです。これが「音の干渉」です。ノイズ除去ヘッドホンはこの原理を使っています（電子がどういう干渉を起こすのか、について詳しくは、拙著［12］を参照のこと）。

電子が干渉を起こすということは、電子の波動関数は単なる確率（可能性）ではなく、波動という「実体的な拡がり」を持っている、ということです。大胆なイメージ化で言えば、電子は図6－7の大円において波動になっており、Aの場所で「この世」の正の方向にボコっと振動し、Bの場所で「あの世」の上方向にボコっと振動し、Cの場所で「この世」の負の方向にボコっと振動し、Dの場所で「あの世」の下方向にボコっと振動する、みたいな感じだということです。

電子の存在は、このように波動として複素数値の振動をします。他方で、その複素数値のノルムはその場所での「存在確率」に対応する、といういわば「二重の役割」を持っているのです。言い換えると、電子は粒子であるにもかかわらず、4カ所のA、B、C、Dに同時に存在している、ということなのです。にわかには信じがたいことですが、自然の姿なのだから仕方ありません。ここで、実際にAを観測してみると、粒子はあるかないかどちらかが判明します。観測した瞬間に、波として拡がっていた電子はひゅるるんと退縮して、1カ所だけに見つかります。

図 6-10　重ね合わせでメモリをつくる

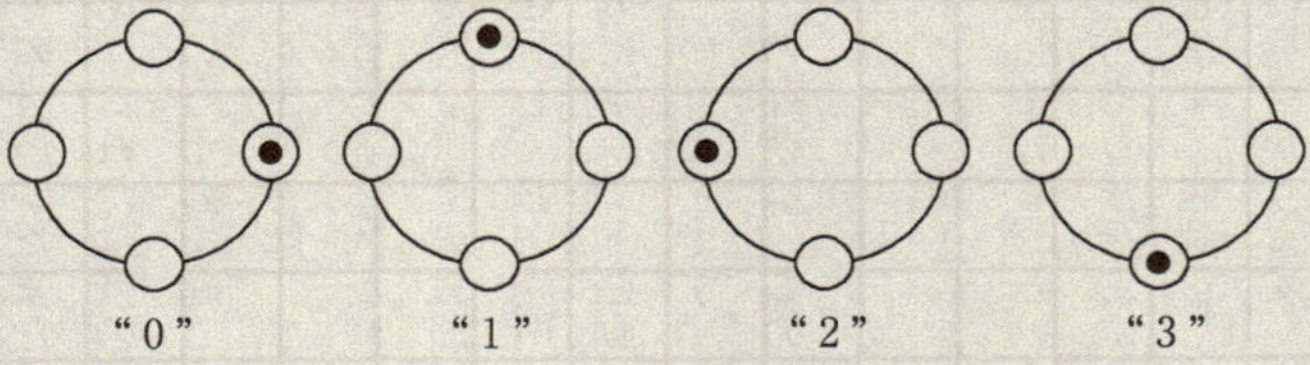

量子コンピューターの原理

電子のようなミクロの物質の二重性（粒子であって波であること）を利用する技術として、量子コンピューターというものが創案され、研究されています。2017年7月現在、まだ開発に成功していませんが、そう遠くない将来に実用化される、と考えられています。

量子コンピューターは、前節の例で言えば、電子がA、B、C、Dの四カ所に同時に存在して運動をすること、その性質を利用した計算機です。従来のコンピューターのメモリには一つだけの数字が書き込まれます。たとえば、13という数字が（2進法で）書き込まれます。ところが、量子コンピューターには、メモリに複数の数字を、確率的な重ね合わせで同時に書き込むことができるのです。たとえば、円形を一つのメモリとして、図6－10のように電子の位置別に0〜3のメモリができます。これに波動関数の重ね合わせを使います。

つまり、0（Aにある）は波動関数値$\frac{1}{2}$で、1（Bにある）は波動関数値$i/2$で、2（Cにある）は波動関数値マイナス$1/2$で、3（Dにある）は波動関数値マイナス$i/2$で、重ね合わせられている、ということです。

そういうわけなので、メモリに記憶されている数を観測しようとすると、観測のたびに、四つの数0、1、2、3が、ランダムに観測されます。観測される頻度（確率）は、それぞれの波動関数値のノルムになります。つまり、今の例では、どの数値も確率$1/4$で観測される、ということです。

量子コンピューターは、このように、一つのメモリに同時に複数の数値を記憶させ、それらの数値にいっぺんに並行演算をほどこすことができるので高速計算が可能となるのです。

量子コンピューターのアイデアを明快に述べたのは、物理学者ファインマンで１９８２年のことです。その後、１９８５年にドイッチュという人が、量子計算の定式化を行い、初めて量子コンピューターの定義が与えられることになりました。

ショアの素因数分解法

量子コンピューターは、並行計算が可能なので、計算速度は高速です。しかし、計算結果が確率的な重ね合わせになっていて私たちには見えない、という問題点があります。私たちが計算結果を知るためには、結局、たくさんの回数の観測が必要となり、それだと高速と言えなくなります。そんなわけで、量子コンピューターという技術は、しばらくの間、一部の専門家を除いては注目されませんでした。

事情が変わったのは、1994年にショアという数学者が、量子コンピューターを利用した高速の素因数分解の方法を発表した時でした。第5章で説明したように、高速の素因数分解が可能になれば、RSA暗号を破ることができるので、社会にとって大問題です。したがって、ショアの発見は、量子コンピューターへの注目を喚起することとなったのです。

この本のレベルでは、ショアの定理について、要点だけしか解説できません。詳しく知りたい人は、拙著［12］または、ウェブサイト［14］を参照してください。

ショアの素因数分解は、47ページで説明したフェルマーの平方数の引き算を使った素因数分解法を利用します。

素因数分解したい整数Nを、簡単のため、（小さいですが）15とします。$15 = 3 \times 5$が素因数分解です。フェルマーの素因数分解法を使うなら、偶数$2m$を指数とした$x^{2m} - 1$が15の倍数になるものを探します。整数xを適当に選んで固定し、指数$2m$を変化させて、15の倍数となることがあるかどうかを試していくわけです。もし見つかれば、

$$x^{2m} - 1 = (x^m - 1)(x^m + 1)$$

と積で書けることから、第一の因数と15とでユークリッドの互除法を使えば、素因数が求ま

るわけです。

この場合、$x=2$として、$2m=4$を見つければうまくいきます。実際、$2^4-1=15$となります。そして、$2^4-1=(2^2-1)(2^2+1)=3\times5$ですから、素因数3あるいは素因数5が見つかることとなるわけです。

問題は、どうやって、指数$2m=4$の値を見つけるのか、ということです。膨大な回数の観測を行うのでは、従来のコンピューターでの素因数分解の手間と同じになってしまいます。そこで、ショアは、158ページで解説した正多角形を形成する複素数の周期性に注目し、「高い確率で観測される数値から指数$2m$を求める」という方法論を編み出したのです。

ポイントになるのは、「$2m$にまつわる数値が観測される確率を高くする」ということです。たとえ話をするため、前の図6-10の例に戻りましょう。今、1個のメモリの四つの場所A、B、C、Dに、それぞれ、0、1、2、3が記憶されているとしましょう。そして、0か1を観測しやすくしたいとします。このときは、場所A、B、C、Dの波動関数値を、それぞれ、0.7、0.7i、−0.1、−0.1iとなるように操作しましょう。それぞれのノルムは、0.49、0.49、0.01、0.01となっています（足して1になるので、確率の要請を満たすことに注意してください）。したがって、Aに書き込まれている0、または、Bに書き込まれている1が観測される確率は、

$0.49 + 0.49 = 0.98$

となっており、98パーセントの高確率となります。おおざっぱに言うとショアの素因数分解は、このような方法を使うのです。

波動関数値の周期と余りの周期を同期させる

先ほどの例で、与えられた$N = 15$を3×5と素因数分解したい場合を考えます。この場合、$2^4 - 1 = 15$という計算を発見すればうまくいくことはすでに述べました。そのために、適当な自然数xを選んで、量子コンピューターのメモリにx^a（$a = 0, 1, 2, 3, \cdots\cdots$）を記憶させ、それらを15で割った余りをいっぺんに計算させ、その数値に置き換えます。今、偶然、$x = 2$を選んだとします（2でなくとも、同等のことができます）。すると、図6－11のような周期が現れることがポイントです。15で割った余りは、1、2、4、8が繰り返し、4周期が出てきます。15以外のどんな数Nにもこういう周期があることは、オイラーの定理（133ページ）から保証されます。

この周期「4」を発見できれば、2の4乗を15で割った余りが1とわかり、$2^4 - 1$が15の倍数とわかるので、15の素因数分解が可能となるわけです。

さて、ショアの原理では、方程式$t^{16} - 1 = 0$の解である虚数δを、「状態に割り当てる波

図 6-11　15 で割った余りの周期

$a = 0$ →(2 の 0 乗を 15 で割った余り) = 1

$a = 1$ →(2 の 1 乗を 15 で割った余り) = 2

$a = 2$ →(2 の 2 乗を 15 で割った余り) = 4

$a = 3$ →(2 の 3 乗を 15 で割った余り) = 8

$a = 4$ →(2 の 4 乗を 15 で割った余り) = 1

$a = 5$ →(2 の 5 乗を 15 で割った余り) = 2

⋮

動関数値」とします。δは16乗すると1になる数ですから、16乗ごとに同じ複素数値を繰り返します。たとえば、δの20乗はδの4乗と同じ値で、δの36乗もδの4乗と同じ値です。したがって、この周期「16」と先ほどの周期「4」とをシンクロさせることができれば、周期「4」を発見できるのです。

以上を踏まえ、おおざっぱな仕組みを述べます。

まず、メモリをもっと大きくとって、256（= 16 × 16）種類の状態とその重ね合わせができるものを用意します。そして、2個の数字のペアaとcの書き込みを行います。aとcの書き込みを座標（a, c）と記すことにします。aは0から15までの16通りの数値、cも0から15の16通りの数値を書き込みます。したがって、ペア（a, c）は16 × 16 = 256通りだから、256個の状態を使うわけです。

さて、256個の状態に256種類の（a, c）を量子的に記憶させたものを重ね合わせます。その際、各状態の波動関数値を設定するのですが、（a, c）が書き込まれた状態の波動関数値は、（δのac乗）÷16とします。δは、先ほどの正16角形を構成する複素数のことです。たとえば、（2, 5）が書き込まれた状態には、δの（2×5＝）10乗÷16という波動関数値が割り当てられます。

演算後の状態を観測すると、（a, c）＝（2, 4）という座標が高い確率で観測されることになります。これは、$c＝4$という数値が「2のa乗を15で割った余り」の周期「4」とシンクロしているからです。具体的には、

（2のa乗を15で割った余りの周期）×c＝16

となって、δの周期16が出てくるのが秘訣《ひけつ》です。この結果から、16÷cを計算すれば、「2のa乗を15で割った余りの周期」が見つかるのです（もっと詳しい説明は参考文献［12］を、完全な証明はウェブサイト［14］を参照してください）。

大事なのは、オイラーの定理に見られる「周期」と、量子力学の波動関数の「周期」をシンクロさせる、という点です。このシンクロは、見えない場所で生じていればいいのが利点なのです。ショアの素因数分解は、量子力学と数論とを組み合わせる、というすさまじいアイデアによって成り立っているのです。いやあ、すごいことに気がつく人がいるものですね。

第7章　難攻不落！　リーマン予想

この章では、素数についての最も有名な予想であるリーマン予想を解説します。この予想は、リーマンが提出して以来、150年以上の歳月が流れていますが、いまだに解決がなされていません。難攻不落の問題の一つなのです。しかし、この予想が解決すれば、素数の秘密の多くが解明されることになるので、数学者たちは現在も勇猛果敢に挑んでいます。リーマン予想に出てくる数式は、かなり手強《てごわ》いのですが、リーマン予想が多少でも理解できるようになると今後の数学の動向を楽しめるようになるので、がんばって読んでみてください。

リーマン予想はどんな予想？

リーマン予想は、1859年にドイツの数学者リーマンが提出しました。この年、ディリクレが亡くなったため、リーマンは後継者としてゲッチンゲン大学の教授に任命され、ベルリン学士院会員に選出されました。リーマンはその栄誉に応《こた》えるために、記念の報告論文を書きました。それが、「与えられた大きさ以下の素数の個数について」という論文です。リーマンは、この論文で、オイラーが研究したゼータ関数（56ページ）の定式化を完成させました。その上で、x以下の素数の個数$\pi(x)$をゼータ関数の零点（値が0になる点）によって表現する式「リーマンの素数公式」を得ました。その補足として、リーマン予想を書き留めたのです。リーマン予想とは、（詳しい解説はあとの節でしますが）、「ゼータ関数の虚の零点の実部はすべて1/2」というものです。論文では、リーマン予想を提出するだけに終わっていますが、数学者ジーゲル（102ページのコラムに登場）が行った遺稿調査によって、リーマンはこの論文後もリーマン予想に挑んでいた形跡が見つかりました。ただ、予想提出の7年後の1866年に病気で亡くなってしまいましたから、研究時間がたっぷりあったわけではないのです。それでも、その後の数学者が苦心して到達した結果は、すでにリーマン自身も得ていました。リーマンがもっと長生きしていれば、研究が数十年早まったことは疑いないことでしょう。

魔性の問題

リーマン予想は、150年以上の数学者のチャレンジによって、非常に難しい問題であることがわかってきました。実際、第1章で述べたように、クレイ数学研究所のミレニアム問題に登録されており、解決できれば賞金100万ドルが得られます。

どのくらい難しいかというと、20世紀を彩る数学者たちが、みな返り討ちにあっているくらいの難しさです。この研究に、人生の時間を奪われてしまった数学者も少なくありません。たとえば、アメリカのパデュー大学の著名な数学者ルイ・ド・ブランジュは、何度も「証明できた」と信じましたが、その度に間違いが見つかり、結局、いまだに証明は完成していません。また、本書に何度も登場した数学者・黒川信重さんは、今年の東工大での「最終講義」において、(冗談でしょうが)、「一生を棒に振ってしまった」と言っておられました。

数学者で経済学者のジョン・ナッシュは、ゲーム理論の功績でノーベル経済学賞を受賞していますが、リーマン予想に取り組んで心を病んでしまった、と言われています。統合失調症を発症したのは本当のことで、それは彼の生涯を描いた映画『ビューティフル・マインド』の中にも描写されています。

このように、リーマン予想は魔性の問題と言っていいのです。

有限ゼータ関数からスタート

リーマン予想の解説は、平方数の逆数和に関するオイラーの研究からスタートし、ゼータ関数と円周率との関係、素数を使ったオイラー積表示、リーマンの素数公式、と歴史に沿って進んでいくのが普通です。しかし、この章では、それとは違う道筋で解説します。なぜかというと、普通の道筋で解説すると非常に高度な数学が関わってきて、読者が最初からつまずいてしまうと予想されるからです。

57ページで紹介した平方数の逆数和(円周率の2乗を6で割った数になる)はゼータ関数の一つの値です。これは無限個の逆数の和であり、しかも初歩的な計算法がないので、直観が働きません。なので、私たちは、有限和で定義される「有限ゼータ関数」というものからスタートし、ゼータ関数に関する感覚を得て、そこから本格的なゼータ関数の解説に入ることにします。

有限ゼータ関数は、$\zeta_N(s)$ と記され、2以上の自然数Nを決めると、sを変数とした関数が次のように定まります。

$\zeta_N(s)$ ＝（Nの正の約数nについて、n^s の逆数の総和）

最も簡単な有限ゼータ関数は、Nを素数としたものです。素数には約数が二つしかないからです。例として$N=3$のケースを見てみましょう。$N=3$の有限ゼータ関数は、

$$\zeta_3(s)=\frac{1}{1^s}+\frac{1}{3^s}=1+\frac{1}{3^s}$$

と定義されます。たとえば、$s=1$のときの値は、1と$1/3$を加えて、$4/3$となります。$s=2$のときは、1と$1/9$を加えて値は$10/9$となります。$s=-1$のときは、(-1)乗は逆数のことなので、$\frac{1}{3^{-1}}$は「3の逆数の逆数」となって3になります。したがって、値は$1+3=4$となります。

有限ゼータ関数の顕著な性質は、すべての有限ゼータ関数が、素数べき（素数pについて

図 7-1　$\zeta_2(s)\zeta_3(s)=\zeta_6(s)$

$$\zeta_2(s)=\frac{1}{1^s}+\frac{1}{2^s}$$

$$\zeta_3(s)=\frac{1}{1^s}+\frac{1}{3^s}$$

この二つを掛け合わせると、

$$\zeta_2(s)\zeta_3(s)=\left(\frac{1}{1^s}+\frac{1}{2^s}\right)\left(\frac{1}{1^s}+\frac{1}{3^s}\right)$$

展開して計算すれば、

$$\left(\frac{1}{1^s}+\frac{1}{2^s}\right)\left(\frac{1}{1^s}+\frac{1}{3^s}\right)=\frac{1}{1^s}\frac{1}{1^s}+\frac{1}{2^s}\frac{1}{1^s}+\frac{1}{1^s}\frac{1}{3^s}+\frac{1}{2^s}\frac{1}{3^s}$$

$$=\frac{1}{1^s}+\frac{1}{2^s}+\frac{1}{3^s}+\frac{1}{6^s}$$

となり、6 の約数すべてが現れているので、$\zeta_6(s)$ となる。

これは、82 ページの完全数の解説と同じ計算。

の p^m）の有限ゼータ関数を掛け合わせることで作れてしまうことです。

たとえば、N＝2 の有限ゼータ関数と N＝3 の有限ゼータ関数を掛け合わせると、N＝2×3＝6 の有限ゼータ関数が得られます。それは、図7－1を見て理解してください。

ゼータ関数の性質

ゼータ関数は、この有限ゼータ関数とご本家リーマンのリーマン・ゼータ関数以外にも、セルバーグ・ゼータ関数、合同ゼータ関数、ハッセ・ゼータ関数などいろいろありますが、すべてに共通する性質が二つあります。第一は「関数等式を持つ」という性質、第二は「オイラー積表示を持つ」という性質です。有限ゼータ関数では、この二つの性質が簡単に確

図 7-2　長方形の対称性

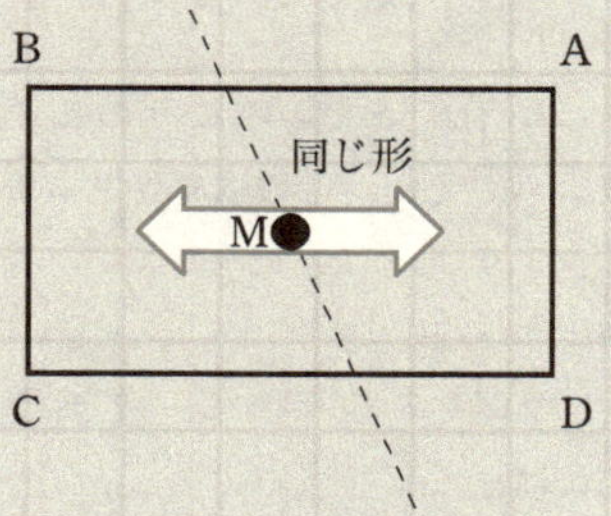

かめられることが利点です。

まず、関数等式とは、一種の「対称性」を表現するものです。「対称性」を頭に浮かべるには、長方形を例にとるのがよいでしょう。長方形ABCDの真ん中をMとします。Mを通る任意の直線で長方形を二つに分割すると、できた二つの図形は、完全に同じものとなります（図7－2）。

これを踏まえて、ゼータ関数の対称性を説明しましょう。それは、「ある数mがあって、mに関して対称の位置にある2数、$m-a$と$m+a$におけるゼータ関数の値が特定の関係性を持つ」ということです。有限ゼータ関数の場合には、対称の中心mは0となります。つまり、$-a$における有限ゼータ関数の値とaにおける有限ゼータ関数の値が一定の関係を

図 7-3　有限ゼータ関数の関数等式

有限ゼータ関数の対称性は次の式で与えられる。

$\zeta_N(-a) = N^a\zeta_N(a)$

すなわち、$-a$ での値は、a での値に N の a 乗を掛けたものと必ず等しくなる、そういうことだ。この式を「関数等式」と呼ぶ。$N = 3$ の場合で確認してみよう。

$\zeta_3(s) = \frac{1}{1^s} + \frac{1}{3^s} = 1 + \frac{1}{3^s}$　…①

ここで $s = -a$ と置いてみる。3 の $(-a)$ 乗は、3 の a 乗の逆数であることに注意すれば、

$\zeta_3(-a) = 1 + 3^a$

他方、$s = a$ のときの値①に 3^a を掛けると、

$3^a\zeta_3(s) = 3^a(1 + \frac{1}{3^a}) = 3^a + 1$

したがって、

$\zeta_3(-a) = 3^a\zeta_3(a)$

が成り立つ。N が素数のときはこれと同じ。素数のべきのときもほとんど同じ。

$N = 6$ の場合は、先ほどの

$\zeta_6(s) = \zeta_2(s)\zeta_3(s)$

という性質を使えばすぐにわかる。実際、

$\zeta_6(-s) = \zeta_2(-s)\zeta_3(-s)$

$= 2^a\zeta_2(s) \cdot 3^a\zeta_3(s) = 6^a\zeta_6(s)$

となる。

図 7-4　有限ゼータ関数のオイラー積表示

Nが素数の場合の例、

$$\zeta_3(s) = \frac{1}{1^s} + \frac{1}{3^s}$$

Nが素数べきの場合の例、

$$\zeta_9(s) = \frac{1}{1^s} + \frac{1}{3^s} + \frac{1}{9^s}$$

Nが素数の積や、素数べきの積の場合の例、

$$\zeta_6(s) = \left(\frac{1}{1^s} + \frac{1}{2^s}\right)\left(\frac{1}{1^s} + \frac{1}{3^s}\right)$$

$$\zeta_{18}(s) = \zeta_2(s)\zeta_9(s) = \left(\frac{1}{1^s} + \frac{1}{2^s}\right)\left(\frac{1}{1^s} + \frac{1}{3^s} + \frac{1}{9^s}\right)$$

以上の右辺が、すべてオイラー積表示と呼ばれる。

持つ、ということなのです。実際、ガウス平面で見ると、複素数aと複素数$-a$は原点に対して、点対称の位置にあたりますから、長方形の対称性と同じになります（図7−3）。

次は、「オイラー積表示を持つ」という性質ですが、これはゼータ関数が「個々の素数についての、同じ計算で作られる式たちの掛け算になっている」ことを表します。有限ゼータ関数の場合は明らかです。たとえば、$N=6$の場合は、

$$\zeta_6(s) = \zeta_2(s)\zeta_3(s)$$

のように、素数2についての計算と素数3についての計算を掛け算したものとなっています。具体的には、図7−4を見て理解してください。

リーマン予想とゼータ関数

有限ゼータ関数で見た二つの性質、「関数等式を持つ」「オイラー積表示を持つ」は、他のゼータ関数たちも備え持っています。さらに、もう一つ、共通に成り立つと期待されている のが、リーマン予想という性質なのです。

ゼータ関数がすべての複素数 s で定義できるとき、ゼータ関数の値が0となる s を「ゼータ関数の零点」と呼びます。リーマン予想とは、「ゼータ関数の零点 s の実部が一定である」という予想です。複素数 s の実部が一定ということは、s は虚数軸に平行な特定の直線上に並んでいる、ということになります。

リーマン予想が成り立つゼータ関数はいくつも知られています。有限ゼータ関数は最も簡単な例で、他にセルバーグ・ゼータ関数や合同ゼータ関数などでも成り立つことが証明されています。皮肉なことにも、リーマンが最初に予想を立てたリーマン・ゼータ関数については、150年以上たった今も未解決なのです。

ここでは、有限ゼータ関数のリーマン予想が成立することを、$N=3$ を具体例にして、確かめてみます。

有限ゼータ関数ではリーマン予想が成立！

そのためには、まず、指数が複素数というのがどういうことかを理解する必要があります。そこで、有名な「オイラーの公式」を先に学びましょう。オイラーは、複素数 s を指数とする e^s についての見事な公式を発見しました（e は109ページで解説したネイピア定数です）。それは、図7－5を眺めて理解してください。

それでは、有限ゼータ関数について、リーマン予想が成立することを、$N=3$ の例で説明しましょう。$\zeta_3(s)$ の値が0となる s、つまり、零点を知りたいわけです。これは、オイラーの公式の簡単な応用となります。図7－6を眺めてください。

このように、有限ゼータ関数 $\zeta_3(s)$ の零点は、すべて、実部が一定値0であり、虚数軸に平行な一本の直線の上に並んでいます。他の、たとえば、$\zeta_6(s)$ の零点を知りたければ、$\zeta_6(s)=\zeta_2(s)\zeta_3(s)$ であることから、$\zeta_2(s)$ の零点と、$\zeta_3(s)$ の零点を調べればいいとわかりますので、どちらも虚数軸に並ぶことによりリーマン予想が成り立つ、とわかります。$\zeta_9(s)$ のような素数べきの場合は、少しだけ分析が複雑になるのですが、この場合でも零点が虚数軸上に並ぶことは同じです。

有限ゼータ関数の場合のリーマン予想の成立は、単純すぎてあまりふしぎに思わないかもしれません。しかし、これがいろいろな種類のゼータ関数で普遍的に成り立つ、ということの

図 7-5　オイラーの公式

$s = a + bi$ に関する、$e^s = e^{a+bi}$ は、二つの部分に分けて、

$e^{a+bi} = e^a e^{bi}$

となる。実数 a に対する e^a は通常の実数値だから、問題は e^{bi} のほう。オイラーは、これが単位円周上の複素数だと気がついた。具体的には、円周上を実数軸から角度 b の分だけ反時計回りに回転した場所にある。ここで、角度 b は、180 度法ではなく、弧度法で表示される。弧度法とは、単位円周上の弧の長さをそのまま角度とする方法で、単位はラジアン。下図では、$+1$ から e^{bi} までの弧長が b となる。したがって、b を 0 から大きくしていくと、e の bi 乗は単位円周上を反時計回りにぐるぐる回転することになる。

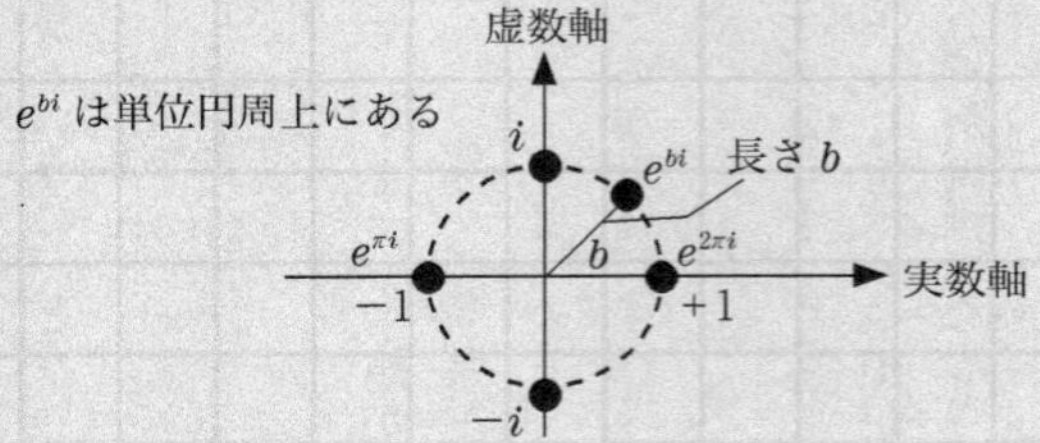

したがって、180 度回転した点（-1 の位置）は、ラジアンで言えば π ラジアンの位置なので、

$e^{\pi i} = -1$

となる。これが有名な「オイラーの等式」だ。無理数 π と e、それに虚数単位 i が絡んでいるので、多くの数学ファンが、そのみごとさに魅了される。

オイラーの公式を理解すれば、$e^s + 1$ の零点を全部知ることができる。$s = bi$ で、b が π の奇数倍であれば、e の s 乗を表すガウス平面上の位置は -1 となり、$e^s + 1$ は 0 となる。つまり、

$s = \pm\pi i, \pm 3\pi i, \pm 5\pi i, \cdots$

が $e^s + 1$ の全零点である。

図 7-6　有限ゼータ関数の零点

$\zeta_3(s) = \dfrac{1}{1^s} + \dfrac{1}{3^s} = 0$

となる s をすべて求めてみよう。この式が成り立つのは、

$3^s = -1$　　…①

のとき。ここで、$3^s = e^{s \log 3}$ に注目する。104 ページで解説したように、e の指数関数と自然対数 log とは逆関数の関係になっているから、3 の log を作って、それを e の指数に乗せると 3 に戻る。すなわち、$e^{\log 3} = 3$。両辺を s 乗すれば、$3^s = e^{s \log 3}$ が得られる。

したがって、①は、

$e^{s \log 3} = -1$

と同じである。すると、オイラーの公式から、

$(\log 3)s = \pm \pi i, \pm 3\pi i, \pm 5\pi i, \cdots$

でなければならない。したがって、零点 s は、

$s = \pm \dfrac{\pi i}{\log 3},\ \pm \dfrac{3\pi i}{\log 3},\ \pm \dfrac{5\pi i}{\log 3}, \cdots$

となる。注目してほしいのは、すべて（実数）$\times i$ の形になっている、ということ。別の言い方をすれば、「零点の実部は、すべて 0」ということになる。このような数は虚数軸という一本の直線の上に並んでいる。

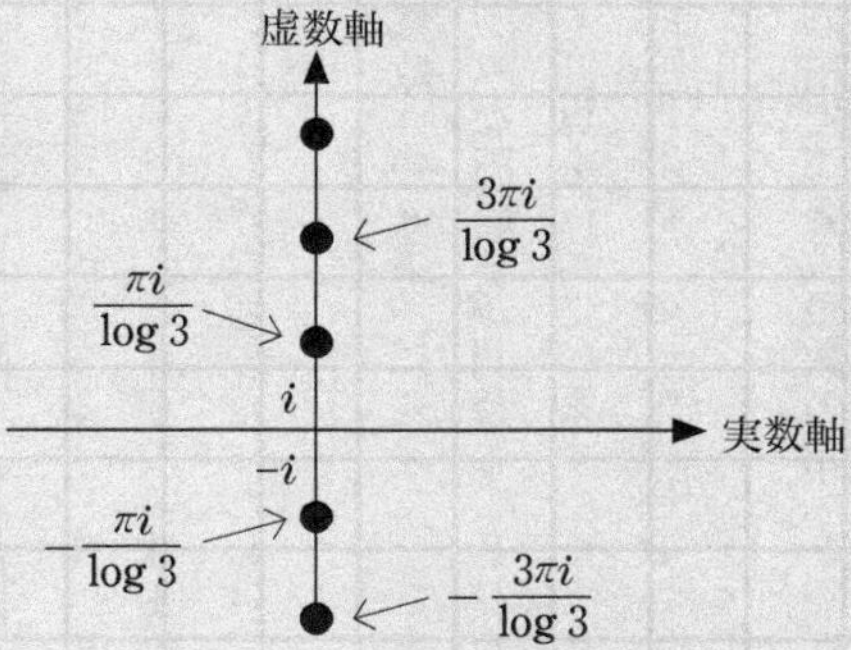

あとの説明を聞けば、きっと、驚異的であると納得してくださることでしょう。

リーマン・ゼータ関数

57ページで、オイラーが「平方数の逆数和」を計算したことを説明しました。すなわち、「自然数nの2乗の逆数」である、1、$\frac{1}{4}$、$\frac{1}{9}$、$\frac{1}{16}$、……をすべて加えるといくつになるか、というバーゼル問題と呼ばれる難問でした。天才オイラーでさえ、解くのには10年もかかりました。解答は、円周率の2乗を6で割った値、というふしぎなものだったわけです。

オイラーは、その後、「自然数nの2乗」のところを、「自然数nのs乗」に変えて、さまざまなsについて計算を試みました。sが正の偶数のときは、みな円周率が関わることが発見されます。さらには、オイラーは、sが負の整数のときにも計算を行っています。たとえば、sが-1の場合には、「自然数nの-1乗」は$\frac{1}{n}$ですから、「自然数nの-1乗の逆数」はnに戻ります。すなわち、「自然数nの-1乗の逆数の総和」は、1、2、3、……という全自然数の和となります。自然数は無限大に発散するので、この和は「発散級数の和」と呼ばれます。発散級数の和は、普通に考えれば無限大になるのですが、オイラーはこれが有限値になるような解釈を生み出しました。その解釈によれば、結果は $-\frac{1}{12}$ だったのです。さらに、s が負の偶数のときに同じ解釈をすれば、値がすべて0になることも突き止めました。

オイラーは、「自然数 n の s 乗の逆数和」に対して、二つの重要な発見をしました。前の節で説明した、オイラー積表示と関数等式です。ただし、オイラーは厳密な意味では証明を完成していません。オイラーの時代には、「自然数 n の s 乗の逆数和」を関数として扱う技術が確立していなかったからです。

その技術を作り上げたのが、1859年のリーマンの論文「与えられた大きさ以下の素数の個数について」でした。リーマンは、「解析接続」という方法を使って、「自然数 n の s 乗の逆数和」を全複素数 s に関して定義しました。これを「リーマン・ゼータ関数」と呼びます。解析接続とは、ガウス平面の一部の領域において特定の式で与えられた関数を、ガウス平面全体の関数として拡張する方法論のことです。これは、逆に見ると、ガウス平面全体で計算できる関数が、一部の領域に限定すれば「特定の式」で現れる、ということです。

たとえ話で言うなら、象の体を登っているアリになったと想像してみてください。最初、象の足を登っているアリは、「象って、丸太のようなもの」と思うでしょう。尻尾《しっぽ》にたどり着いたアリは、「象って、紐《ひも》のようなもの」と思うでしょう。耳にたどり着いたアリは、「象って、平たい葉っぱみたいなもの」と思うでしょう。鼻にたどり着いたアリは、「象って、ホースみたいなもの」と思うでしょう。このように、象の形状は、アリがどの領域を見るかで異なっています。そして、象の実体とは、それらの部分部分を「貼り合わせた」ものというのが真相なわけです。

リーマン・ゼータ関数について重要なことは、複素数全体で値を持つ（ただし、$s=-1$のときの値のみ∞）にもかかわらず、統一的に表現できる式がない、ということです。リーマン・ゼータ関数を私たちが知ろうとすると、象の体を登るアリと同じ状態になってしまうのです。このような解析接続については、図7－7で眺めてください（理解する必要はありません）。

さて、先ほど、$s=-1$のときは、「自然数nのs乗の逆数和」は、自然数の総和と一致することを説明しました。つまり、

$\zeta(-1)=1+2+3+4+\cdots$

ということです。これは通常の意味では発散して値を持ちません。しかし、解析接続によって降臨した姿においては、$\zeta(-1)=-\frac{1}{12}$となります。それで、ゼータ関数を扱った本では、

図 7-7　リーマン・ゼータ関数の解析接続

s が 1 より大きい実数のときは、ゼータ関数は、

$$\zeta(s)=\frac{1}{1^s}+\frac{1}{2^s}+\frac{1}{3^s}+\cdots \qquad \cdots①$$

という姿をして出現する。これは、普通の意味で収束する無限和。実部が 1 より大きい複素数 s のときにも、同じ式で表され、通常の意味で収束する無限和となる。つまり、ガウス平面において、実部が 1 より大となる領域では、リーマン・ゼータ関数は式①の姿で降臨する。

他方、実部が 1 以下（0 から 1 まで、または負数）の場合、①は発散する。したがって、通常の意味では値を持たないからこの式で計算することはできない。このとき、リーマン・ゼータ関数は別の計算式となって降臨する。

たとえば、実部が 0 より大の領域では、

$$\zeta(s)=\frac{1}{\Gamma(s)}\int_1^{\infty}\frac{x^{s-1}}{e^x-1}\,dx+\frac{1}{\Gamma(s)}\int_0^1\left(\frac{x^{s-1}}{e^x-1}-\frac{x^{s-1}}{x}\right)dx+\frac{1}{\Gamma(\mathrm{s})}\frac{1}{s-1}\cdots②$$

という式②で降臨する。非常に複雑な式なので、理解する必要はないが、式①とは異なる式であることだけ確認してもらいたい。この式②は、「リーマンの第一積分表示」と呼ばれる。s の実部を 1 より大の領域に制限すれば、①と②の計算結果は一致している。したがって、②は、式①の計算領域を広げたものと見なすことができ、①の解析接続と呼ばれる。

残念ながら②が通用するのは、s の実部が 0 より大のときだけだ。もっと広げるには、別の式で降臨しないとならない。

形式的に、

$$“1+2+3+4+\dots” = -\frac{1}{12}$$

というふうに、“ ” で括《くく》って表しています。“ ” で括ることで、「通常の極限計算とは違う計算ですよ」と表明しているわけです。

リーマン・ゼータ関数が、領域によって別の姿で降臨する、というのが、リーマン・ゼータ関数の難しさであり、また魅力であると言えます。

リーマン・ゼータ関数には、すべての素数が現れる

前にお話ししたように、リーマン・ゼータ関数は、オイラー積表示を持ちます。これはオイラーが発見したものです。

これを得るために、私たちは、リーマン・ゼータ関数からではなく、有限ゼータ関数から出発することにしましょう。有限ゼータ関数 $\zeta_N(s)$ とは、「Nの正の約数の s 乗の逆数をすべて足し合わせたもの」を計算するものでした。

先ほど、$N=2$ のときの $\zeta_2(s)$ と $N=3$ のときの $\zeta_3(s)$ を掛けると、$N=2\times3=6$ のときの $\zeta_6(s)$ になることを説明しました。また、$N=2$ のときの $\zeta_2(s)$ と $N=9$ のときの $\zeta_9(s)$

を掛けると$N=2\times9=18$のときの$\zeta_{18}(s)$になることも説明しました。

ここで、2から10までのすべての整数は、2、2の2乗、2の3乗、3、3の2乗、5、7があれば素因数分解できます。したがって、$\zeta_8(s)$と$\zeta_9(s)$と$\zeta_5(s)$と$\zeta_7(s)$を掛け算すれば、「1から10までの整数のs乗の逆数の和」はすべて、その一部分に現れます（実際には、2560の全約数が現れる）。

ここで、素数を11、13、……と増やすことと、各素数に対する「べき」を大きくしていくことを同時に行っていって、有限ゼータ関数の積を観察すれば、オイラー積が出現します。詳しくは、図7－8で確認してください。

この式変形を見ていれば、リーマン・ゼータ関数が、全素数を使った積の形で表示できることがわかります。おおざっぱに言えば、

（全自然数に関する和）＝（全素数に関する積）

ということです。これが、オイラーの驚くべき発見、オイラー積表示なのです。右辺の無限積は、実部が1より大きい複素数sに対してだけ、収束し、意味を持ちます。

左辺は、複素数sを変数とした素朴な関数であり、それが全素数の登場する右辺の式で表現されるというのは驚くべきことです。このことは、全素数の性質が、リーマン・ゼータ関数という複素数全域で定義された関数によって分析できる、ということを意味しています。

図 7-8　リーマン・ゼータ関数のオイラー積

$$\left\{\left(\frac{1}{1^s}+\frac{1}{p^s}+\frac{1}{p^{2s}}+\frac{1}{p^{3s}}\cdots\right)\text{の全素数}\,p\,\text{に関する積}\right\}$$

$$=\left(\frac{1}{1^s}+\frac{1}{2^s}+\frac{1}{4^s}+\cdots\right)\left(\frac{1}{1^s}+\frac{1}{3^s}+\frac{1}{9^s}+\cdots\right)$$

$$\times\left(\frac{1}{1^s}+\frac{1}{5^s}+\frac{1}{25^s}+\cdots\right)\left(\frac{1}{1^s}+\frac{1}{7^s}+\frac{1}{49^s}+\cdots\right)\cdots$$

これを展開整理すると、すべての素因数分解が現れる。したがって、すべての自然数の s 乗が1回ずつ登場する。つまり、

$$\left\{\left(\frac{1}{1^s}+\frac{1}{p^s}+\frac{1}{p^{2s}}+\frac{1}{p^{3s}}\cdots\right)\text{の全素数}\,p\,\text{に関する積}\right\}$$

$$=\frac{1}{1^s}+\frac{1}{2^s}+\frac{1}{3^s}+\frac{1}{4^s}+\frac{1}{5^s}+\frac{1}{6^s}+\cdots$$

$$=\zeta(s)$$

となる。

他方、等比数列の無限和の公式 $\left(1+x+x^2+x^3+\cdots=\frac{1}{1-x}\right)$ から、

$$\frac{1}{1^s}+\frac{1}{p^s}+\frac{1}{p^{2s}}+\frac{1}{p^{3s}}\cdots=\frac{1}{1-\frac{1}{p^s}}$$

となる。これから、オイラー積表示、

$$\zeta(s)=\frac{1}{1-\frac{1}{2^s}}\frac{1}{1-\frac{1}{3^s}}\frac{1}{1-\frac{1}{5^s}}\frac{1}{1-\frac{1}{7^s}}\cdots$$

が導かれる。ちなみに、各分数を簡単にすれば、

$$\zeta(s)=\frac{2^s}{2^s-1}\frac{3^s}{3^s-1}\frac{5^s}{5^s-1}\frac{7^s}{7^s-1}\cdots$$

と表現することもできる。

複素変数の関数は、微分したり積分したり、と自由自在な計算が可能です。したがって、素数をこのような微分積分の技術の中で解析学的に操作することが可能となるわけです。とりわけ、リーマン・ゼータ関数の零点たちと、全素数を結びつけることができます。これによって、素数の分布がかなりな程度、解き明かされることになるのです。これは本当に奇跡的なことです。

関数等式

リーマンは、リーマン・ゼータ関数を定義することに成功したばかりでなく、関数等式を見つけ出しました。これは、オイラーが一部発見していますが、それを完成させ、さらにきれいな式に導いたのはリーマンの功績でした。

関数等式とは、前に説明したように、ゼータ関数が「値についての対称性」を持っていることです。リーマン・ゼータ関数の場合は、$\frac{1}{2}$を中心とした対称性を備えています。以下のような関係式です。

$\zeta(1-s)=\zeta(s)\times$(簡単な関数)

sは$\frac{1}{2}$に$s-\frac{1}{2}$を加えた数、$1-s$は$\frac{1}{2}$から$s-\frac{1}{2}$を引いた数です。したがって、

図 7-9　関数等式とは何か

リーマン・ゼータ関数の関数等式は、以下の通り。

$$\zeta(1-s)=\zeta(s)\times\frac{2\Gamma(s)\cos\left(\frac{\pi s}{2}\right)}{(2\pi)^s}$$

右辺に $s=2$ を代入してみる。

$$\zeta(2)=\frac{\pi^2}{6}$$

$$\Gamma(2)=1$$

$$\cos\left(\frac{\pi\times 2}{2}\right)=-1$$

$$(2\pi)^2=4\pi^2$$

したがって、(右辺) $=-\dfrac{1}{12}$

これによって、$s=-1$ のときの値 $\zeta(-1)$ が求まる。

s と $1-s$ は $\frac{1}{2}$ から等距離にあります。だからこの式は、リーマン・ゼータ関数が $\frac{1}{2}$ を中心として一種の対称性を持っていることを意味しているわけです。

この関数等式から、$s=2$ での値がわかれば $1-2=-1$ での値がわかり（図7－9参照）、$s=4$ での値がわかれば $1-4=-3$ での値がわかり、……という具合になっています。つまり、実部が $\frac{1}{2}$ より小さい複素数 s についてのリーマン・ゼータ関数の値は、$1-s$ の実部が $\frac{1}{2}$ より大きいことから、実部が $\frac{1}{2}$ より大きい複素数の値によってわかってしまいます。ということは、リーマン・ゼータ関数の性質を調べるには、実部が $\frac{1}{2}$ 以上の複素数（ガウス平面の右半分）だけ考えればいい、ということになるのです。

ただし、sが負の偶数のとき値が０となるのは、「簡単な関数」部分のほうが０になるためで、この場合には対称性は役に立っていない、と言えます。

リーマン予想が遂に登場！

さて、いよいよ満を持して、リーマン予想の登場となります。

前の節で、リーマン・ゼータ関数は負の偶数、-2、-4、-6、……で値０をとることを説明しました（図７－９で言えば、コサインの値が０となるsです）。実数にはこれ以外に零点はありません。

しかし、虚数の中には零点があります。これを、「虚の零点」と言います。

たとえば、$s=\frac{1}{2}+(14.13\cdots)i$が虚の零点の一つとなります。これは、リーマン自身が手計算で発見しています。他にも、$s=\frac{1}{2}+(21.02\cdots)i$とか、$s=\frac{1}{2}+(25.01\cdots)i$なども虚の零点です。実は、このような虚の零点は無限個あることが証明されています。大事なことは、今見た三つの零点では、実数部が$1/2$と同一になっていることです。これが、すべての虚の零点で成り立つだろう、というのがリーマン予想なのです。

▼リーマン予想

リーマン・ゼータ関数の虚の零点の実数部分は、すべて$\frac{1}{2}$である。

非常にシンプルな性質ですね。大事なことは、この予想も、有限ゼータ関数ですでに見たのと同じく、「零点が虚数軸に平行な直線上に並んでいる」という図形的性質を意味している点です。ただし、この場合は、実の零点（負の偶数）は除いて、虚の零点だけに注目しているのが違っています。図示すると、図7－10のようになります。

$s=\frac{1}{2}+bi$ $(b\neq 0)$ が零点なら、関数等式から、$1-s=\frac{1}{2}-bi$も零点ということがわかります。これは161ページで述べた共役数にあたります。関数等式が、点$\frac{1}{2}$に関する対称性であることを思い出せば、虚の零点すべてが、対称の中心点を通るような直線上に並んでいる、というのはとても示唆的です。

虚の零点についてわかっていること

リーマン・ゼータ関数についてのリーマン予想は、2017年7月時点では未解決です。

図 7-10　リーマン・ゼータ関数のリーマン予想

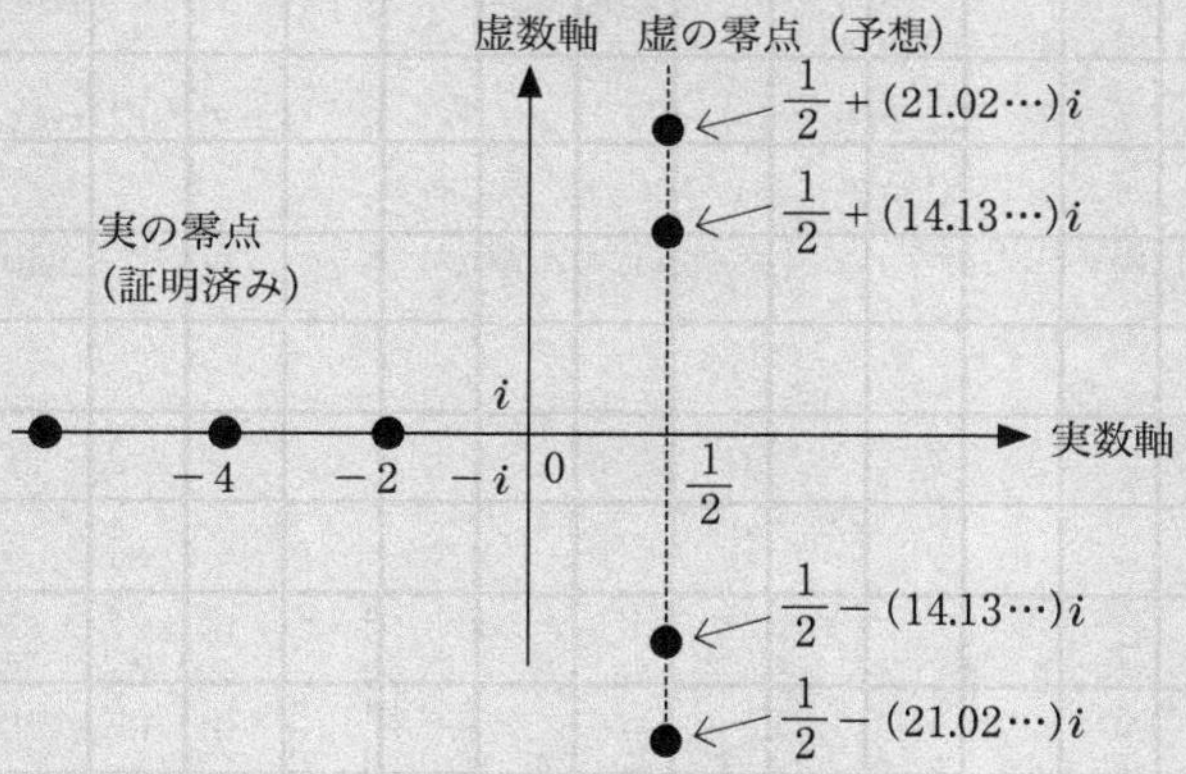

図 7-11　虚の零点について証明されていること

(1) 虚の零点は無限個ある。

(2) 虚の零点で、虚部が 0 以上 T 以下であるようなものの個数は、たかだか $T \times \log T$ ぐらいのオーダーである。

(3) 虚の零点のノルム（原点からの距離の 2 乗）の逆数和は有限値に収束する。

つまり、虚の零点は本当に $\frac{1}{2}+bi$ $(b \neq 0)$ という形だけなのかはわかっていません。もしも反例（実部が$\frac{1}{2}$でない虚の零点）が見つかったら、エライ騒ぎになるでしょう。そういう意味では、20ページで述べた映画『容疑者Xの献身』での黒川信重さんの「反例」は、もちろんフィクションですが、「反例の論文」を作る、というのは非常に面白い試みだと言えましょう。

ちなみに、黒川先生は、２００８年のリーマン・ショックの際、新聞に「リーマン破《は》綻《たん》」という大きな見出しが掲載されたのを見て、「リーマン予想に反例が見つかったのかと思った」というジョークを言っておられ、笑わされてしまいました。

さて、これらの虚の零点について、何がわかっているのでしょうか。これを図７－11にまとめましょう。

「虚の零点のうち、実部が$\frac{1}{2}$であるものは、40パーセン

図 7-12　リーマン・ゼータ関数の全零点を使った因数分解

まず、2 次関数を例としよう。

今、$f(x) = x^2 - 5x + 6$ という 2 次関数を考える。この零点は、$f(x)$ の値が 0 となる x のことで、2 次方程式 $x^2 - 5x + 6 = 0$ の解は、2 と 3 だ。解が 2 と 3 となることは、

$$f(x) = (2 - x)(3 - x)$$

と因数分解されることと同値である。この事実を一般の関数に拡張するには、因数分解の式を、次のように変形しておくのが好都合だ。

$$(2-x)(3-x) = 2\left(1-\frac{x}{2}\right) \times 3\left(1-\frac{x}{3}\right) = (\text{定数})\left(1-\frac{x}{2}\right)\left(1-\frac{x}{3}\right)$$

(定数と書いたところは、実際は 6)。変数を零点で割った分数（$x/2$ と $x/3$）を 1 から引いた式が出ることに注目しよう。これと同じことが、複素数を変数とする一般の関数でも成り立つ。リーマン・ゼータ関数も、全零点を使って、この形に因数分解できる。おおざっぱな表現をすると、ρ を虚の零点とし、

$$\zeta(s) = (s \text{ の関数}) \times \left\{(s \text{ の関数})\left(1 - \frac{s}{\rho}\right) \text{ の全 } \rho \text{ にわたる積}\right\}$$

となる（実数の零点である負の偶数は右辺の最初の（s の関数）のところに集めてある）。

ト以上ある」という1989年のコンリーの結果が、現在わかっている最良の結果、とのことです。40パーセントを100パーセントに変えることができれば、リーマン予想が証明されるわけですが、このような量的な追究の道のりは険しいのではないか、と思われます。

リーマン・ゼータ関数が、複素数全体に解析接続されることの大きな利点は、「全零点を使って因数分解できる」ということにあります。このことが、「リーマンの素数公式」や「素数定理」の証明に利いてくることになるのです。リーマン・ゼータ関数の全零点を使った因数分解については、図7-12で読んでください。

素数の個数が式で表現できる！

前節で得た「虚の零点による因数分解」を、本章の最初のほうの「オイラー積表示」と結びつけるとx以下の素数の個数$\pi(x)$を計算する公式を得ることができます。「リーマンの素数公式」と呼ばれる公式です。これが、リーマンの論文の最大のセールスポイントでした。具体的に書くと非常に難しい式となるので、興味のある人は、図7-13で見ていただきます（図7-13の公式は、数学に慣れていない人には非常に難解なので、スルーしてかまいません）。

この公式がどうやったら得られるかについて、ざっくりした説明をしましょう。リーマ

図7-13　リーマンの素数公式

x 以下の素数の個数 $\pi(x)$ は、

$$\pi(x)=\sum_{m=1}^{\infty}\frac{\mu(m)}{m}\left(Li\left(x^{\frac{1}{m}}\right)-\sum Li\left(x^{\frac{\rho}{m}}\right)+\int_{x^{\frac{1}{m}}}^{\infty}\frac{du}{(u^2-1)u\log u}-\log 2\right)$$

で求められる。ここで、$\mu(m)$ はメビウス関数と呼ばれるもので、m が1または偶数個の異なる素数の積のとき値1を、奇数個の異なる素数の積のとき値 -1 を、その他のとき値0をとる関数。

ン・ゼータ関数は、今、2種類の無限積表現がなされています。第一は、「全素数を使ったオイラー積表示（図7－8）」、第二は、「虚の零点 ρ すべてを使った因数分解（図7－12）」です。したがって、

（全素数を使った積）＝（全 ρ を使った積）

となります。

左辺を x 以下の素数の個数をカウントするように式変形をし、右辺にも同じ変形をほどこすと、

（x 以下の素数の個数）＝（全 ρ を使った式）

という形式（図7－13の式）が得られる仕掛けです。

このリーマンの素数公式によって、全素数と虚の零点全体が結びつきました。つまり、素数を知りたければ、虚の零点を調べればいい、とわかったわけです。素数という、整数の中の不規則な集団が、複素数全域で定義された関数の零点で調べられる、ということはおそるべきことです。素数の不規則性は、虚の零点を見ることで、一部が封じ込められること

図 7-14　フォン・マンゴルトの素数公式

$$\psi(x) = x - \left(\frac{x^{\rho}}{\rho}\text{の}\ \rho\ \text{についての総和}\right) - \frac{1}{2}\log\left(1 - \frac{1}{x^{2}}\right) - \log(2\pi)$$

になるからです。数学は、このように「一見関係がなさそうなものの間の関係」を発見したときに、大きな進歩をするのです。

フォン・マンゴルトの素数公式

フォン・マンゴルトという数学者が、リーマンの論文の36年後の1895年に、リーマンの結果を再検討する論文を書き、もっと簡明な素数公式を得ました。ただし、x以下の素数の個数$\pi(x)$ではなく、第4章で紹介したチェビシェフ第2関数と呼ばれる$\psi(x)$を表示するものです（$\psi(x)$とは、x以下に素数pのべき乗があるたび、$\log p$を加える関数であることを思い出してください）。

このチェビシェフ第2関数が、虚の零点を使って上記のように表せることをマンゴルトは証明したのです（図7－14）。

この公式のほうが、リーマンの素数公式よりもはるかに見やすい式となっていることがわかるでしょう。2項目が、

「xの虚の零点乗」をその虚の零点自身で割ったものの総和、となっていて、非常に単純です。この式の導き方もリーマンの素数公式と基本的には同じで、

(全素数を使った積) = (全ρを使った積)

という等式の両辺の対数をとって、微分し、そのあと上手に積分すると出ます。

素数定理が証明された！

リーマン・ゼータ関数の最も大きな貢献は、素数定理が証明できた、ということです。素数定理とは、第2章と第4章で解説しましたが、x以下の素数の個数$\pi(x)$を近似する定理です。これは、$\pi(x)$は$x \div \log x$で近似できる、という定理でした。

これらの素数定理は、マンゴルトの素数公式を用いることで証明されました。ベルギーのド・ラ・ヴァレ・プーサンとフランスのアダマールが、1896年に、同時に独立に達成したのです。厳密な証明を記載することはもちろん本書では不可能なので、図7-15にざっくりしたあらすじを書いておきます。

リーマン予想は、素数の分布の何を語るのか

さて、リーマン・ゼータ関数と素数の個数の関係がわかった今、リーマン予想が素数につ

いて何を語っているのかが見えてきます。

第4章で説明した通り、非常に冒険的な解釈をすれば、「nが素数である確率は、$\log n$分の1ぐらいである」というのが素数定理でした。だから、大きなnについては、「n以下の素数の個数は、$n \div \log n$で近似できる」わけです。もっと適切にこの確率を用いると、「n以下の素数の個数は、$Li(n)$で近似できる」となりました（119ページ）。この解釈を受け入れるとき、次に気になってくるのは、「素数を、〝平均値が$Li(n)$で表されるような確率的存在〟と見た場合、それはどのくらいの揺らぎを持っているのだろうか」ということです。

たとえば、さいころを非常に大きい回数N回投げるとき、1の目は$N/6$回観測されることが期待できます。これが、さいころをN回投げる試行に関する「1の目の観測回数の平均値（期待値）」と呼ばれるものです。しかし、実際にさいころ投げをすると、ぴったり$N/6$回出るわけではなく、そこから大小に揺れることになります。その揺れ幅がどの程度かは、確率論でわかっています。それは、$\frac{\sqrt{5N}}{6}$です。これは、さいころ投げN回で1の目の観測される回数を$N/6$とするときの誤差予測になっており、（定数）×$\sqrt{N}$程度ということです。

さて、素数については、n付近の整数が素数である確率は$\log n$分の1で、したがって、

図 7-15　素数定理の証明のあらすじ

x 以下の素数の個数 $\pi(x)$ は、チェビシェフ第2関数 $\psi(x)$ を $\log x$ で割ったもので近似できる（121 ページ）。つまり、

$$\pi(x) \sim \frac{\psi(x)}{\log x} \quad \cdots①$$

である。一方、フォン・マンゴルトの素数公式から、

$$\psi(x) \sim x - \left(\frac{x^\rho}{\rho} \text{ の } \rho \text{ についての総和}\right)$$

である。ここで、引き算している虚の零点の項の影響が x に比べて無視できるくらい小さいことが証明できるので、$\psi(x)$ は x で近似でき、

$$\psi(x) \sim x$$

が得られる。両辺を $\log x$ で割れば、

$$\frac{\psi(x)}{\log x} \sim \frac{x}{\log x} \quad \cdots②$$

となり、以上の①と②から、

$$\pi(x) \sim \frac{x}{\log x}$$

となることがわかる。

n以下の素数の観測回数の平均値は $Li(n)$ と見なせました。すると、その誤差予測はどうなるだろうか、ということです。リーマン予想は、この誤差予測を教えてくれるのです。答えを先回りして提示すれば、

「リーマン予想が正しければ、誤差予測は（定数）×$\sqrt{n}\log n$ である」

ということになります（これは、フォン・マンゴルトの素数公式から証明されます）。どこにリーマン予想「実部＝$\frac{1}{2}$」が出てくるか、というと、$\sqrt{n}$を指数表現すれば n の$\frac{1}{2}$乗ですから、その$\frac{1}{2}$のところに現れるのです。もしも、リーマン予想が正しくなくて、$\frac{1}{2}$より大きい実部を持つ虚の零点が存在するなら、nの指数は$\frac{1}{2}$より大きくなり、誤差予測の中の $\log n$ に掛け算される部分は$\sqrt{n}$より大きな関数になってしまいます。

以上のことを象徴的に解釈すれば、次のようになります。

＊リーマン・ゼータ関数は、平均値が $\frac{n}{\log n}$ や $Li(n)$ となるような確率分布で捉《とら》えられることを明らかにする。

＊ガウス平面での虚の零点の散らばりかたは、素数の分布が平均値 $Li(n)$ からどの程度揺らぐかを浮き上がらせる。

＊虚の零点が一直線に並ぶ（リーマン予想）、ということは、素数分布の誤差予測がありう

る誤差の中で最小になることを意味する。

もちろん、これは「解釈」にすぎず、厳密な数学で言えば正しくありません。しかし、このように解釈すると、リーマン予想が、素数の分布に対して、非常に深い認識を私たちに教えてくれることだけは、伝わるでしょう。

宇宙にも素数が関係する！

素数を司《つかさど》るリーマン・ゼータ関数の研究は、物理の世界でも出てくることがわかっています。それは、量子というミクロの物質に、リーマン・ゼータ関数が関わっていることがわかったからです。その場面を二つ紹介しましょう。

第一の場面は、「カシミール効果」と呼ばれる現象です。真空中に平行な金属板を置くと、微弱な力でそれらが引き合うであろうことを、カシミールらが１９４８年に理論的に予言しました。それが１９９７年に、ラモローらの実験によって検証されました。

カシミール効果を場の理論で解析するときに、リーマン・ゼータ関数が出現します。それも、発散級数の和である $\zeta(-3)$ の計算、すなわち、

$$“1^3+2^3+3^3+4^3+\cdots” = \frac{1}{120}$$

の計算が現れるのです。一見、無限に大きくなってしまうように見える式が有限の値となるのは、これまでの説明で出てきた解析接続の考え方によります。量子の物理がリーマン・ゼータ関数で記述できるわけなので、量子と素数が遠縁の間柄にあると言っても言い過ぎではないでしょう。

第二の場面は、弦理論という素粒子理論においてでした。以下は、物理学者・大栗博司《おおぐりひろし》氏の本（参考文献［15］）からまとめたものです。

弦理論は、南部《なんぶ》陽一郎《よういちろう》が1970年に発表した理論で、翌年、後藤鉄男《ごとうてつお》が南部とは独立に発見しています。彼らは、素粒子を「弦」のようなものと見なし、その振動を分析しました。弦全体のエネルギーは、最低のエネルギーに振動エネルギーを足したものです。光子の場合は、この和が0とならなければなりません。これを計算すると、次の式になることが発見されたのです。

光子全体のエネルギー

＝（振動エネルギー）＋（最低エネルギー）

$= 2 + (D-1) \times$ "1＋2＋3＋4＋…"

ここで、Dは「宇宙空間が何次元か」を表す変数です。この式に、なんということか、発散級数の和$\zeta(-1)$が現れているではありませんか。リーマン・ゼータ関数から、

$$\zeta(-1) = \text{“}1 + 2 + 3 + 4 + \cdots\text{”} = -\frac{1}{12}$$

でしたから、先ほどの式は、

$$2 - \frac{D-1}{12}$$

となります。これが光子全体のエネルギーですから、値は0でなければなりません。この式を0とするには、Dの値は25でなくてはならず、$D=25$と決まってしまいます。つまり、私たちの宇宙空間は25次元である、と決まったことになるのです（ちなみに、弦理論を発展させた超弦理論では、宇宙空間の次元は9次元となるそうです）。

私たちの宇宙空間の次元が、物理学により決定されてしまう。しかも、それにリーマン・ゼータ関数の発散級数の和が関わる、というのだから、科学のふしぎに心打たれます。

4 ラマヌジャン素数

ラマヌジャンはもちろん、素数についても多くの研究を残しています。その中に、「ラマヌジャン素数」と呼ばれる素数列があります。

100ページで解説したように、「ベルトラン＝チェビシェフの定理」と呼ばれる定理は、「n以上$2n$以下には必ず素数が存在する」、というものでした。これは、ベルトランが予想し、チェビシェフが証明したものでした。この定理には、その後、いくつもの別証明が与えられています。ラマヌジャンは、32歳で亡くなる1年前の1919年に、これを拡張する定理を発表しました。それは、

▼ラマヌジャンの定理

$x \geqq 2, 11, 17, 29, 41, \cdots$のとき、$\pi(x)-\pi(x/2) \geqq 1, 2, 3, 4, 5, \cdots$がそれぞれ成り立つ。

というものです。ここで、$\pi(x)-\pi(x/2)$とは、x以下の素数の個数から$x/2$以下の素数の個数を引いたものですから、すなわち「$x/2$より大きくx以下の素数の個数」を表します。ラマヌジャンは、そのような素数の個数について、$x \geqq 2$なら1個以上、$x \geqq 11$なら2個以上、$x \geqq 17$なら3個以上、……というように、どんな自然数kについても、k以上となるxが存在することを証明したのです。ちなみに、$x \geqq 2$なら1個以上、がベルトラン＝チェビシェフの定理と同じ内容になります。

ソンダウという数学者は、この2、11、17、29、41、……という数列をラマヌジャン素数と名付けました。k番目のラマヌジャン素数とは、
$\pi(x)-\pi(x/2) \geqq k$となる最小のxのことです。

$\pi(x)-\pi(x/2)$が1だけ増加するには、$x/2$より大きくx以下の素数が1個増えなければなりませんから、それはいつも素数のときに起きます。ラマヌジャン素数は、研究がじわじわ進んでいるらしく、たとえば、ソンダウは2011年に次のような定理を証明しています。

▼ソンダウの定理

n番目のラマヌジャン数は、$4n \log 4n$より小さい。

ラマヌジャンは、早世した数学者でしたので、このように彼の名を冠した数学がたくさん残るのはすばらしいことです。

第8章　素数の未来

最後のこの章では、素数の最新のトレンドをさぐり、素数の未来像をのぞきみることにしましょう。

現代の数学では、空間概念が刷新され、私たちの想像の及ばない新奇な空間が創造されています。その中に、素数を使って作る空間というものがいくつもあります。そういう素数の作る異空間の中でも、ゼータ関数が定義され、リーマン予想が追究されているのです。どうぞ、最先端の数学を存分にお楽しみください。

素数の作る異空間

現代の数学は、私たちの想像の及ばない空間をさまざま作り上げています。その中に素数を使って作る異空間が三つほどあります。第一は有限体、第二はp進体、第三はZスキームです。有限体とは、要素が有限個しかないけれど四則計算で閉じているような世界。p進体とは、素数を基礎に極限操作ができるようにした、実数とは異なる連続的な数空間。Zスキームとは、素数の集合に遠近感を導入して位相空間に仕立てあげた世界。

これらの異空間は、それぞれ固有の性質を備え持っていて、芳醇《ほうじゅん》な研究対象です。そればかりではなく、この異空間を分析することで、素数やゼータ関数に新たな光を当てることができるのです。

この章では、有限体については詳しく解説し、Zスキームについては最後に簡単に触れるだけにします。p進体については、紙数の関係で全く触れることができませんので、別の拙著（たとえば、参考文献［16］）に解説を譲ります。

四則計算に閉じた数世界

まず、有限体を紹介しましょう。数学の中でとりわけ重要なのは、「体」と呼ばれる数空間です。体というのは、四則計算（加減乗除）ができる集合で、しかも、０での割り算以外は、計算結果がその集合内の数となるようなものです。この性質を「四則計算に閉じている」と言います。

たとえば、整数の集合は体ではありません。整数同士の足し算と引き算と掛け算は結果が整数となりますが、割り算は整数内に結果を持たない場合があります。たとえば、１÷２は整数で答えられません。言い換えると、除法には閉じていません。

他方、有理数（正負の分数と０を集めた集合）は体です。分数同士の足し算、引き算、掛け算、（０で割る以外での）割り算はすべて分数で答えることができるからです。同様に、実数（数直線上の数）も、複素数（ガウス平面上の数）も、どちらも体です。耳慣れないものとしては、１６５ページで出てきた「数体」というのも体の仲間です。

体が重要なのは、四則計算に閉じていることにより、さまざまな代数が扱いやすいからです。たとえば、体を係数とするような多項式は良い性質を持ちます。また、体上のベクトル空間も扱いやすいものです（ベクトル空間という言葉が耳慣れなくても、本書では不要なので気にしなくていいです）。

素数の作る体

前節で紹介した体は、すべて無限個の数から成っています。それでは、有限個の数から成る体というのはあるのでしょうか。素数を利用すると、有限個の数から成る体を構成することができるのです。

まず、例として、素数5を利用して体を作り出してみましょう。集合は五つの数、0、1、2、3、4から成ります。これを、

{0, 1, 2, 3, 4}

のように記します。この5数に「新しい」四則計算を定義したものが、「5元体」と呼ばれる体になります。通常の整数の四則計算と異なる点があるので要注意です。

5元体の足し算は次のように定義されます。

$a+b=$（aとbの整数としての和を5で割った余り）

したがって、$1+2$は通常の整数と同じく3となりますが、$2+4$は和6を5で割った余りの1となります。つまり、$2+4=1$、ということです。本当は、5で割った余りを明確にするために、$2+_5 4=1$のように、+の下に小さい5を添えて書くほうがよいかもしれませんが、本書では気にせず、通常の+記号をそのまま代用してしまいましょう。

この足し算は見方を変えると、次のようになります。すなわち、1を加えると「次の数」になるわけですが、4の次は0に戻る（$4+1=0$）、ということを5周期で繰り返すのです。

$$0\to1\to2\to3\to4\to0\to1\to2\to3\to4\to0\to\cdots$$

そういう意味では、「曜日」と似ています。加法の全体は、図8－1で与えられます。

図8－1の表で注目すべきことは、どの行（横一列）も0、1、2、3、4の並べ替えになっている、ということです。したがって、任意のaとbに対して、aに足してbとなる数x、つまり、

$$a+x=b$$

を満たすxが存在します。このxは引き算$b-a$の答えだと考えることができます。たとえば、$2+x=1$を満たすxは、表から4だとわかりますから、$1-2=4$ということです。この分析によって、5元体は引き算について閉じていることがわかります。

5元体の掛け算も、足し算と同じ仕組みで、次のように定義されます。

図8-1　5元体の加法

+	0	1	2	3	4
0	0	1	2	3	4
1	1	2	3	4	0
2	2	3	4	0	1
3	3	4	0	1	2
4	4	0	1	2	3

$a \times b$＝（aとbの整数としての積を5で割った余り）

たとえば、2×4は、積8を5で割った余り3となるので、2×4＝3となります。掛け算の結果を表としたものが図8－2です。

0を除いて、1、2、3、4についての部分だけを眺めれば、どの行でも、1、2、3、4の並べ替えになっています。だから、0以外のaに対し、aに掛けてbとなるx、すなわち、

$$a \times x = b$$

となるxが存在することがわかります。このxが$b \div a$の結果と見なせます。たとえば、3÷2の結果を知りたければ、$2 \times x = 3$となるxを探せばいいのです。表から、$x = 4$とわかりますから、3÷2＝4となります。このことから、5元体が除法に閉じていることがわかります。

これで、5元体の四則計算が定義されました。この四則計算は、通常の四則計算と同じ法則を備えています。「足し算

図 8-2　5 元体の乗法

+	0	1	2	3	4
0	0	0	0	0	0
1	0	1	2	3	4
2	0	2	4	1	3
3	0	3	1	4	2
4	0	4	3	2	1

は交換できる（交換法則）」、とか、「掛け算は足し算に関して分配できる（分配法則）」、などが成り立つわけです。したがって、5元体は体の仲間と見なすことができます。

素数である必然性

5元体と同じように、任意の素数pについて、p元体というものが定義できます。やり方は同じです。p元体は、数学記号で、F_pと記します（Fは、体を英語で言ったFieldの頭文字です）。たとえば、5元体はF_5です。面白いのは、pが素数でないとこの方法では体を作れない、ということです。

実際、$p=6$として、

$a \times b =$（aとbの整数としての積を6で割った余り）

と定義してみましょう。すると、2に対する積は、

$2 \times 1 = 2,\ 2 \times 2 = 4,\ 2 \times 3 = 0,\ 2 \times 4 = 2,\ 2 \times 5 = 4$

となるので、$2 \times x = 1$となるxが存在しません。つまり、$1 \div 2$の結果がないのです。したがって、除法に閉じておら

ず、体にはなれません。

素数だと除法に閉じ、素数でないと除法に閉じないのはどうしてでしょうか。それは素数が持っていて、素数でない整数が持たない性質に依存するのです。

素数5を例に考えましょう。kを1以上4以下の任意の整数として、

$k\times1,\ k\times2,\ k\times3,\ k\times4$

という4個の積を考えます。これらを5で割った余りを見ます。このとき、4個の余りはすべて異なる数となります。なぜなら、もしも、$k\times a$と$k\times b$の5で割った余りが一致したとすれば（$a>b$としておきます）、$k\times a$から$k\times b$を引き算した数は5の倍数になります（余りの分が消えるから）。したがって、

$k\times a-k\times b=k\times(a-b)$

が5の倍数にならなければなりません。5が素数であることから、kか（$a-b$）が素因数5を持たなければなりません。しかし、kも（$a-b$）も1から4までの数ですから、それは不可能です。したがって、$k\times1,\ k\times2,\ k\times3,\ k\times4$という4個の積を5で割った余りはすべて異なるものとなり、1、2、3、4を並べ替えたものと一致します。つまり、5元体において、kに掛けて、1、2、3、4となるものがそれぞれ存在することとなるのです。

他方、pが素数でない場合は、$k\times(a-b)$がpの倍数になることが可能となります。た

とえば、$p=6$の場合は、$k=2$、$(a-b)=3$とすれば、$k\times(a-b)$が6の倍数になれるわけです。したがって、$k\times1, k\times2, k\times3, k\times4, k\times5$のうち、掛け算の結果として、1、2、3、4、5のどれかは出てこられなくなります。これは、除法に閉じていないことを意味しています。

素数がこんな働きをするのは面白いことです。

ちなみに有限体は、要素の数が素数pのものだけでなく、素数pのべき、p^m個のものも存在しますが、作り方がテクニカルなので、これには触れずに進むこととしましょう。

フェルマーの小定理を証明しよう

p元体を使って、これまでたびたび登場したフェルマーの小定理を証明してみましょう。もう一度、定理を書いてみると、

▼フェルマーの小定理
pを素数、aをpの倍数でない自然数とする。このとき、a^{p-1}をpで割った余りは必ず1となる。言い換えるなら、$a^{p-1}-1$はpの倍数となる。

という定理でした。

この定理の証明を$p=5$を例として説明したのが図8-3です（一般の素数pでもやり方は同じです）。ついでに、RSA暗号の基礎となるオイラーの定理の証明も付け加えています。もちろん、証明に興味のない人は、スルーして先を急いでかまいません。

AKSアルゴリズムによる素数判定

p元体を用いる素数判定の方法が、2002年にインド工科大学の3人の学者によって発表されました。これは最新の素因数分解法です。3人の名前、アグラワル、カヤル、サクセナの頭文字をつなげて、AKSアルゴリズムと呼ばれます。

このアルゴリズムは、p元体を係数とする多項式を利用します。p元体を係数とする多項式には、次のような目覚ましい性質があります。すなわち、xを変数、aをp元体の任意の数として、

$$(x+a)^p=x^p+a$$

という性質です。なぜこれが成立するかは、図8-4に説明してあります。

素数かどうか知りたいpに対して、この等式が成り立つかどうかをコンピューターで確かめる、というのがAKSアルゴリズムの基本的なアイデアです。

図 8-3　フェルマーの小定理とオイラーの定理の証明

$p=5$ の場合のフェルマーの定理の証明をしよう。

まず、5元体 $\boldsymbol{F}_5$ において、任意の要素 $k=1, 2, 3, 4$ に対して、$k^4=1$ を証明する。本文中にあるように、$k, 2k, 3k, 4k$ は 1, 2, 3, 4 の並べかえになっている。したがって、$\boldsymbol{F}_5$ において、これらの掛け算を行えば、

$k \cdot 2k \cdot 3k \cdot 4k = 1 \cdot 2 \cdot 3 \cdot 4$

が得られる。両辺を 1, 2, 3, 4 それぞれで割れば、

$k^4=1$

が得られる。これは、5元体 $\boldsymbol{F}_5$ における等式だが、これを通常の整数で解釈すれば、

「5の倍数でない任意の k に対し、k^4 を5で割った余りは1」

ということになる。

素数とは限らない自然数 N（>1）に関するオイラーの定理も、同じ方法で証明できる。たとえば、15以下の15と互いに素な自然数は、1、2、4、7、8、11、13、14の8個で、「15と互いに素な任意の a に対して、a^8 を15で割った余りが1となる」というのがオイラーの定理だった。このことを証明するのは、上記の8個の数に、

$x \times y = (xy$ を15で割った余り$)$

という形で掛け算を定義すれば、8個の数はこの掛け算に関して閉じていることがわかる。先ほどのフェルマーの小定理の証明で「5元体が掛け算について閉じている」ことしか使っていないことを振り返れば、この8個の数についても同じやり方が通用するとわかる。

図 8-4　p 元体の p 乗則

たとえば、$p=5$ のとき、通常の展開公式は、

$$(x+a)^5 = x^5 + 5x^4a + 10x^3a^2 + 10x^2a^3 + 5xa^4 + a^5$$

であるが、5 元体 $\boldsymbol{F}_5$ で考えると、係数 5 も係数 10 も 0 に置き換えられるので、

$$(x+a)^5 = x^5 + a^5$$

となる。また、5 元体では、フェルマーの小定理から、$a^5 = a$ である。ゆえに、

$$(x+a)^5 = x^5 + a$$

これは 5 が素数だから成り立つ法則である。たとえば、素数でない 6 だと、

$$(x+a)^6 = x^6 + 6x^5a + 15x^4a^2 + 20x^3a^3 + 15x^2a^4 + 6xa^5 + a^6$$

だが、係数 15、20 は、0 に置き換えられない（6 の倍数でない）。

なぜ、p が素数だと係数が p の倍数となるのか。それは二項定理から、係数が、

$${}_p\mathrm{C}_k = \frac{p!}{k!(p-k)!}$$

となり、分子の素数 p が分母と約分されずに残り、p の倍数となるからである。

図 8-5　多項式の割り算

通常の筆算の割り算と同じく、最高位の式を消すように実行する。たとえば、

多項式 x^3+3x^2+2x+1 を x^2+1 で割って、商と余りを出す計算は、次のように実行される。

$$
\begin{array}{r|l}
 & x+3 \\ \cline{2-2}
x^2+1 & x^3+3x^2+2x+1 \\
 & x^3+x \\ \cline{2-2}
 & 3x^2+x+1 \\
 & 3x^2+3 \\ \cline{2-2}
 & x-2
\end{array}
$$

商は、$x+3$。余りは、$x-2$。

ただし、この多項式の展開を愚直に実行すると、コンピューターといえど、膨大な時間がかかります。そこで、AKSアルゴリズムでは、多項式の割り算を使って次数を落とす工夫をします。

多項式の割り算とは、多項式を多項式で割って商と余りを出す計算のことで、高校で教わる技術です。念のため、図8－5で解説していますが、飛ばしても差し支えありません。

AKSアルゴリズムでは、適切な r に関して、多項式 x^r-1 を持ち出し、$(x+a)^p$ と x^p+a の両方をこの多項式で割った余りを比べます（x^r を1に置き換えればいいので、たいした計算ではありません）。元の多項式が一致するなら、余りも当然一致します。余りは r 次未満となるので、次数が低い分、比

較が簡単です。しかしこの際、割り算の余りを比べるので不確実性が生じます。余りが同じでも、元の多項式が同じでない可能性があるからです。そこで、定数aを十分多くのいろいろな整数値（p元体の要素）に取り替えて同じ比較を繰り返すことで、確実性を担保するのです。これがＡＫＳアルゴリズムのだいたいの原理です（詳しくは、参考文献［13］3）。現在のところ、ＡＫＳアルゴリズムはそれほど速くなく、実用レベルではあまり役に立たないようです。むしろ、数体ふるい法（１６５ページ）のほうが、実用性が高いと言われています。

楕円曲線のふしぎ

素数から作られる空間p元体は、ふしぎで豊かな性質をさまざま備え持っています。中でも、楕円《だえん》曲線に関するものが絶品と言っても過言ではないです。

楕円曲線というのは、（yの2乗）＝（xの3次式）という2変数の方程式で定義される曲線です。古くは、フェルマーやオイラーも研究しましたが、本格化するのは、19世紀ドイツの数学者ワイエルシュトラスの研究からです。そして、花開いたのは、20世紀です。とりわけ、ドイツの数学者フライによって、フェルマーの大定理（１４６ページ）と結びつけられ、３５０年ぶりの解決に寄与することになったことから、一般のアマチュア数学ファンにも認

図8-6　楕円曲線 $y^2 = x^3 + x$ のグラフ

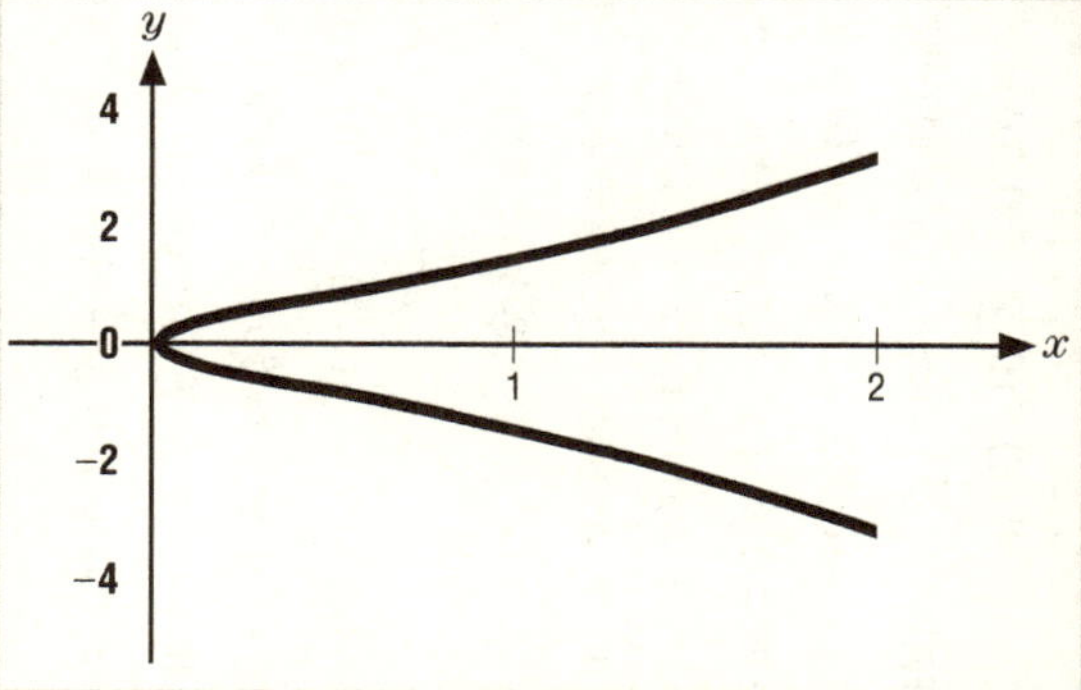

知されるようになりました。

楕円曲線は、p元体や有限体との相性がとりわけよいです。ここでは、p元体の空間における楕円曲線の性質を紹介することにしましょう。

今、楕円曲線を、

$$y^2 = x^3 + x$$

とします。この方程式を実数の範囲でグラフにすると、図8－6のようになります。このグラフは、この方程式を満足する実数x、yをペアにして、座標（x, y）をすべて座標平面に打点したものとなっています。

ちなみに、複素数の範囲で、この方程式の解をグラフ化すると（4次元空間が必要ですが）、ドーナツ型（専門的にはトーラスと呼びます）から1点を抜いた形状となります。

しかし、今考えたいのは、この方程式の解をp元体上で求めることです。p元体には、要素が有限個（素数個）しかないので、全部を当てはめることで求めきってしまうことができます。

まず、2元体で求めてみます。2元体は、0と1の二つの要素から成る集合です。右辺のx^3+xを計算してみると、$x=0$のときは$0+0=0$、$x=1$のときは$1+1=0$です。0は0の2乗となっていますから、2元体における解は、

$(x, y)=(0, 0)$, $(1, 0)$

の2個となります。

次に3元体で求めてみましょう。3元体は、0と1と2の三つの要素から成る集合です。右辺のx^3+xを計算してみると、$x=0$のときは$0+0=0$、$x=1$のときは$1+1=2$で、$x=2$のときは$2+2=1$となります。このうち、0は0の2乗、1は1の2乗でも、また、2の2乗でもありますから、3元体における解は、

$(x, y)=(0, 0)$, $(2, 1)$, $(2, 2)$

の3個となります。もう一つ、5元体で解を求めると、

$(x, y)=(0, 0)$, $(2, 0)$, $(3, 0)$

の3個となります。

$y^2 = x^3 + x$ の p 元体における解の個数を N_p と記すことにして、p と解の個数 N_p とを表にしたものが、図8－7となります。

4n＋1型素数と4n＋3型素数がふたたび！

さて、図8－7の解の個数 N_p を眺めていると、何がわかるでしょうか？まず、p と N_p が一致する（$N_p = p$）ことが非常に多い、ということが見つかるでしょう。上の段の数字と下の段の数字が一致しているものがたくさんあります。しかし、そうでない p もあるので、そうである場合と、そうでない場合がどうなっているのか、疑問になってきます。そこで、$N_p = p$ となっている p だけを白ヌキにしてみます（図8－8）。

偶数である2を除けば、$N_p = p$ となる素数は、

$p = 3, 7, 11, 19, 23, 31, 43$

です。これらの素数はみな、4で割ると3余る素数、すなわち $4n + 3$ 型の素数に他なりません。逆に、$N_p \neq p$ となる素数 p はみな、$4n + 1$ 型となっています。したがって、次の法則が成り立つであろうことがわかってきます。

図 8-7　p 元体での $y^2 = x^3 + x$ の解の個数

p	2	3	5	7	11	13	17	19	23	29	31	37	41	43
N_p	2	3	3	7	11	19	15	19	23	19	31	35	31	43

図 8-8　$N_p = p$ となっている p

p	2	3	5	7	11	13	17	19	23	29	31	37	41	43
N_p	2	3	3	7	11	19	15	19	23	19	31	35	31	43

図 8-9　p 欠乏 $a_p = p - N_p$

p	5	13	17	29	37	41	53	61	73	89	97
a_p	2	−6	2	10	2	10	−14	10	−6	10	18

図 8-10　2平方定理

$5 = 1^2 + 2^2$

$13 = 3^2 + 2^2$

$17 = 1^2 + 4^2$

$29 = 5^2 + 2^2$

$37 = 1^2 + 6^2$

▼$y^2 = x^3 + x$ の解の法則
$y^2 = x^3 + x$ のp元体での解の個数N_pについて、
素数pが$4n + 3$型のときは、$N_p = p$
素数pが$4n + 1$型のときは、$N_p \neq p$

この法則はきちんと証明されています。$4n + 3$型のほうの証明については、そんなに難しくなく、フェルマーの小定理を使えばできますが、ここでは省略します（参考文献［17］を参照してください）。

2平方定理がこつぜんと出現

前節では、$4n + 1$型の素数pに対しては、解の個数N_pがpと一致しないことがわかりました。それでは、このN_pとpとのズレには、何か法則が見い出せるでしょうか。それとも、何の法則もないのでしょうか。

実はこれには、とんでもない秘密が潜んでいるのです。

$4n + 1$型の素数pに対して、解の個数N_pがpとズレている分、すなわち、$p - N_p$をa_pと記して「p欠乏」と呼びます。p欠乏を表にしたのが、図8－9です。

これについては、本書の第1部で伏線を張ってあるのです。表を眺めていて、それを見つけられた読者は、達人と言ってもいいでしょう。これに最初に気がついたのは、やはり、天才ガウスです。どうやって見つけたのか想像もつきません。

なんということでしょう、あのフェルマーの2平方定理と関係するのです。50ページで解説したように、フェルマーは、$4n+1$型の素数が2個の平方数の和で表せることを発見しました。それは、図8－10のようになっていました（図2－3の再録）。

図8－9と図8－10の関係性がわかりますか？

まず、図8－10の右辺の平方の和に現れる、左側の数字（奇数の数字）だけを取り出して並べてみましょう。

1、3、1、5、1

となります。さらに、これらを2倍してみましょう。

2、6、2、10、2

これが、図8－9の下段の数字からマイナス記号を省いたものと完全に一致していることが見てとれるでしょう。つまり、次の法則が浮かび上がります。

▼$y^2 = x^3 + x$ のガウス法則
pを$4m+1$型素数とすると、$p = A^2 + B^2$と表せる（ただし、Aは奇数とする）。
このとき、$y^2 = x^3 + x$ のp元体での解の個数N_pについて、
p欠乏 $a_p = p - N_p$ は、$2A$ または $-2A$ と一致する。

おそるべきことに、2平方定理とp元体が、楕円曲線を仲立ちにして結びつくことになりました。数学の女神の粋《いき》なはからいとしか思えません。この法則も、きちんと証明されていますが、非常にヘビーなのでここでは紹介できません（どうしても知りたい人は、参考文献［18］または［13］2にやり方が書いてあります。ただし、そのままではないです）。

ハッセの定理

2平方定理とp欠乏a_pが深い関連を持つのは、楕円曲線$y^2 = x^3 + x$が特別なものだからです。一般の楕円曲線：（yの2乗）＝（xの3次式）では、そういうみごとなパターンは現れません。しかし、一般の楕円曲線のp欠乏についても、すばらしい法則が見つかっています。それが、ハッセが証明した次の定理です。

▼ハッセの定理
楕円曲線のp元体での解の個数に対するp欠乏a_pについて、不等式、
$|a_p| < 2\sqrt{p}$
が成り立つ。

(ここで、$|x|$とはxの絶対値で、xが0以上ならそのまま、負ならマイナス記号を除去した数値を与えます)。この定理は、1920年代にオーストリア出身の数学者アルティンが予想し、ドイツの数学者ハッセが1933年に証明したものです。これは、p欠乏、すなわち、p元体の要素数pより解の個数がどのくらい多いか、または、少ないかを見積もる不等式です。結論的には、せいぜいpの平方根の2倍未満のズレしか生じない、ということを主張しています。

前節までに例としていた楕円曲線$y^2 = x^3 + x$に対しては、この不等式は簡単に証明できます。

まず、pが$4n+3$型の素数の場合は、p欠乏a_pは0ですから、当然成り立ちます。

次に、pが$4n+1$型の素数の場合を考えます。このとき、前節で紹介した定理により、

pを平方数の和A^2+B^2（ただし、Aは奇数）と表したとき、$2A$か$-2A$がp欠乏a_pとなりました。ここで、$p=A^2+B^2$ですから、明らかにA^2はpより小さくなります。これは、Aが$\sqrt{p}$より小さいことと同じです。p欠乏a_pは、$2A$または$-2A$と一致するのですから、大きくとも$2\sqrt{p}$を超えず、小さくとも$-2\sqrt{p}$を下回らないことを意味します。これでハッセの定理が確かめられました。

ラマヌジャン・ゼータ関数

インドから彗星《すいせい》のように現れ、彗星のように夭折《ようせつ》したラマヌジャンのことは、第2章とコラム3、4で紹介しました。本書のクライマックスとして、このラマヌジャンの見つけたふしぎな式を紹介することとしましょう。

ラマヌジャンは、1916年頃に保型形式という関数を研究していました。その中に、$F(q)$という保型形式の研究があります。これは、ラマヌジャンの未発表の研究として、彼のノートに記載されていたものです。このノートは一度行方不明になりましたが、その後奇跡的に見つかって、1988年に『失われたノートと未出版論文』というタイトルで出版されました。

保型形式Fとは、図8-11の①のように、qについての多項式の無限積で定義されるもの

図 8-11　ラマヌジャンの保型形式 $F(q)$ とラマヌジャン・ゼータ関数

ラマヌジャンの保型形式 $F(q)$ は次のように、q に関する無限次の多項式として定義される。

$F = q \times \{(1-q^n)^2(1-q^{11n})^2$ をすべての自然数 n にわたって掛け合わせた式 $\}$…①

最初のほうをきちんと書いて見ると、

$F=q\times\{(1-q^1)^2(1-q^{11})^2\times(1-q^2)^2(1-q^{22})^2\times(1-q^3)^2(1-q^{33})^2\times\cdots\}$

という大変な式だ。これを地道に展開して、q の多項式として整理すれば、

$F = q - 2q^2 - q^3 + 2q^4 + q^5 + \cdots$　　…②

となる。この式の q^n の係数を $c(n)$ と記す。すなわち、

$c(1)=1,\ c(2)=-2,\ c(3)=-1,\ c(4)=2,\ c(5)=1,\cdots$　…③

のようになる。

さらに次のようにラマヌジャン・ゼータ関数 $L(s,F)$ を定義する。

$$L(s,F) = \frac{c(1)}{1^s} + \frac{c(2)}{2^s} + \frac{c(3)}{3^s} + \frac{c(4)}{4^s} + \cdots \qquad \cdots ④$$

図8-12　素数pの2次式の形が現れる

ラマヌジャン・ゼータ関数$L(s, F)$は、次のような素数の式$L_p(s, F)$の、全素数にわたる積として表すことができる。

$p \neq 11$となる素数については、$L_p(s, F) = \dfrac{1}{1 - c(p)p^{-s} + p^{1-2s}}$　…①

$p = 11$については、$L_{11}(s, F) = \dfrac{1}{1 - 11^{-s}}$　…②

です。「保型」という名称は、ある種の変数変換でこの関数が不変であることを言うのですが、ここでは省略します。これをqについて展開して、qの昇べきの順に整理すると②のようになります。そこで、ラマヌジャンは、qのn乗の係数を取り出して、$c(n)$という数列を作りました。$c(n)$の最初のほうの値は、③に書いてあります。さらには、それを自然数nのべきn^sで割って、すべて加え合わせ、変数sについての新しい関数④を作りました。これはゼータ関数の仲間なので、本書ではラマヌジャン・ゼータ関数と呼び、$L(s, F)$と記すことにします。

　すると、とんでもない事実が判明します。このラマヌジャン・ゼータ関数も、ちゃんとオイラー積表示を持つのです。つまり、全素数との関係がある、ということです。それも今まで知られていたオイラー積とは異なり、素数pのp^{-s}についての2次式の形が現れるのです（図8－12）。このような2次のオイラー積は、オイラーも、そしてリーマンも知り得なかったものです。ラマヌジャンの天才性がしのばれます。

ラマヌジャン予想とリーマン予想

ラマヌジャンは、ラマヌジャン・ゼータ関数に対して、リーマン予想の類似が成り立つことを予想しました。それは、「図8－12のオイラー積表示における①式おのおのについて、分母の零点の実部はすべて$\frac{1}{2}$である」という予想です。「零点の実部がすべて$\frac{1}{2}$」という点で、リーマン・ゼータ関数に対するリーマン予想と全く同型となっています。さらにこれは、次の不等式を証明することと同値だとわかります（分母をp^{-s}の2次式と見なして、判別式が負となる条件と同値となります）。

$$|c(p)| < 2\sqrt{p}$$

この不等式を見ていると、前に似たものを見たことを思い出すのではないでしょうか。そうです。240ページのハッセの定理の不等式にそっくりではありませんか。これは偶然でしょうか、それとも必然でしょうか。そう、必然であることが後に判明しました。

ラマヌジャンが予想してから40年近く経って、アイヒラーという数学者が、ラマヌジャン予想を解決しました。その解決の方法は、ラマヌジャン予想を楕円曲線の性質に帰着させる、というものでした。

アイヒラーは、$y^2+y=x^3-x^2$という楕円曲線を考えました（Eと呼ぶことにします）。そして、楕円曲線Eの、p元体での解に対するp欠乏a_p（pから解の個数を引き算した数）を作ります。すると、なんということか、このp欠乏a_pがラマヌジャン・ゼータ関数の$c(p)$と、11以外のすべての素数で一致してしまうことが証明できるのです。

その証明は、次のようになされます。図８－12①式において、$c(p)$をa_pと置き換えた①式を$L_p(s, E)$と記すことにします（FでなくEであることに注意してください）。②式は同じままにします。そして、この$L_p(s, E)$たちすべてと②式とを掛け合わせたオイラー積によって、ゼータ関数を定義します。これが「楕円曲線Eのゼータ関数」です。すると、この楕円曲線Eのゼータ関数とラマヌジャン・ゼータ関数とが完全に一致することが証明できてしまうのです。これは、フロベニウスという写像を使って、「アイヒラーの合同関係式」と呼ばれる等式を証明することから得られます。ゼータ関数が一致することから、オイラー積の係数の一致がわかり、$c(p)=a_p$が11以外のすべての素数について示されたことになります。

こうなると、ハッセの定理が利用できます。ハッセの定理では、不等式$|a_p|<2\sqrt{p}$が得られていました（２４０ページ）から、これは不等式$|c(p)|<2\sqrt{p}$を示しています。この不等式はラマヌジャン予想そのものです。

要するに、ハッセの定理とは、リーマン予想の別形態だったわけなのですね。

このアイヒラーによるラマヌジャン予想の解決は、非常に大きな果実をもたらしました。それは、フェルマーの大定理の解決です。

以上のような、保型形式のゼータ関数と楕円曲線のゼータ関数の一致は、もっと広く成り立つだろう、ということを数学者・谷山豊が予想しました。1955年のことでした。その後、この谷山予想が正しければ、フェルマーの大定理が証明できることが、フライとリベットの研究によって判明しました。そして、ワイルズが1995年に谷山予想を証明し、遂《つい》に、350年以上にわたるフェルマーの大定理への数学者の挑戦が完了することとなったのです。

その背後に、ラマヌジャン予想とリーマン予想が関わっていることは神秘的なことと言えましょう。

リーマン予想は燦然と輝き続けている

合同ゼータ関数（楕円曲線のゼータ関数が含まれる）や、ラマヌジャン・ゼータ関数や、他にもセルバーグ・ゼータ関数など、多くのゼータ関数についてリーマン予想（の類似）がすでに証明されています。こう見ると、リーマン予想というのは、普遍的に成り立つものであるような感触があります。つまり、素数や素数の発展型が普遍的に備える性質だ、ということです。

にもかかわらず、ご本家のリーマン・ゼータ関数については、いまだに解決を見ていません。

20世紀最高の数学者との呼び声の高いグロタンディーク（68ページのコラムで紹介）は、リーマン・ゼータ関数のリーマン予想を解決するために、「スキーム理論」というものを生み出しました。この理論は、図形にはとても見えない数集合を図形化・空間化してしまう手法です。たとえば、素数の集合を空間化させて、Zスキームというものを作り出すことができます（Zスキームについての初歩的解説は、拙著［19］を参照のこと）。

グロタンディークの生み出したスキーム理論は、非常に強い応用力を持っており、「ラマヌジャンのΔ」と呼ばれる（先ほどのラマヌジャン・ゼータ関数とは異なる）ゼータ関数に関するリーマン予想を解決することに寄与しました。それは、ドリーニュという数学者がスキーム理論におけるエタール・コホモロジーという武器を利用して、１９６９年に成し遂げました。

にもかかわらず、ご本家のリーマン予想は、まだ燦然《さんぜん》と輝く未解決問題のままです。整数の中の素数を空間化したZスキームには、これまでに成功した方法論が通用しないからです。

そこで、本書に何度も登場した黒川信重さんは、スキーム理論をさらに深化させた「F１

スキーム」（1元体スキーム）という理論の構築を提唱しました。現在、黒川さんや、世界の天才数学者たちによって、この理論の研究が急速に進められています。もしかすると、F1スキームが、リーマン予想落城の急先鋒《きゅうせんぽう》になるかもしれません（F1スキームの一般読者向けの解説は、参考文献［1］にて）。

黒川さんのF1スキーム理論がリーマン予想を落城させ、そのために本書が「時代遅れ」の本となってしまう近未来を祈願して、本書を終えたいと思います。

おわりに

素数とともに生きる人生を

素数づくしのディナーはいかがだったでしょうか。

素数が、数学の中で最重要なアイテムであること、そればかりでなく、わたしたちの日常生活の中でも欠かせない存在であることが伝わったなら、本書は成功だったと言えます。

素数とともに生きる人生は、きっと、そうでない人生よりも豊かで楽しいものとなるでしょう。素数にまつわる新しい展開は、これからもたびたび起き、それは数学の進化を意味し、また、この世界の革新を示唆するからです。陸上競技の新記録更新を心待ちにすることと同じです。本書を読んだ皆さんが、もしすでに素数ファンであるならその度合いを強化し、そうでないなら素数ファン・デビューすることを期待しています。

日本では、長寿がきれいなお祝いの言葉で愛《め》でられています。60歳は還暦、70歳は古希、77歳は喜寿、80歳は傘寿、88歳は米寿、90歳は卒寿、99歳は白寿、などです。でも、素数の年齢を節目に祝うのも一興ではないでしょうか。なぜなら、素数年齢は100歳までに25回もありますから、お祝いの回数が増えます。それどころか素数は無限にあるのだから、いくら生きてもお祝いが尽きることはないじゃないですか。

筆者は、第1章に書いたように、13歳のときに素数ファン・デビューをしました。そして、そのときに夢として描いた数学者への道は、大学の数学科に入るまでは順調でした。しかし、そこで大きな壁に突き当たることになりました。数学の勉強が辛くなり、挫折《ざせつ》を余儀なくされました。いつしか素数ファンの気持ちをどこかに落っことしてしまったのです。筆者は、いったん塾講師に従事した後、経済学の道で再起をはかりました。そのかたわら、数学エッセイストとして、数学の著作の執筆を続けました。

そんな筆者が、素数ファンの気持ちを取り戻したのは、本書に何度も登場した数学者・黒川信重先生との出会いでした。最初は雑誌の対談でご一緒しました。その後、共著を2冊も刊行する関係となりました。黒川先生がリーマン予想を愛し、リーマン予想に果敢に挑戦する姿を見て、消えさったと思っていた素数愛が心の中の見えない場所から蘇《よみがえ》ってきました。13歳の頃の気持ちが、まだ、心の片隅に隠れてひっそり生き延びていたのは、自分でも驚くべきことでした。黒川先生には、感謝の申しようもありません。素数愛を取り戻した筆者の人生の後半は、きっとわくわくする時間となってくれることでしょう。できることなら、筆者の存命中にリーマン予想が解決されたらいいな、と熱望しています。

本書には、物理学と素数の関係、物理学とリーマン・ゼータ関数の関係が紹介してあります。これらの点については、東大物性研究所の物理学者で親友の加藤岳生《かとうたけお》さんに査読していただきました。とりわけ、量子コンピューターについては、加藤さんの協力がなければ書くことができませんでした。ここにお礼を申し上げます。もちろん、すべての誤りは筆者の責任であることは言うまでもありません。

最後になりましたが、本書を執筆するにあたって、角川新書の編集者・辻森康人さんに大変、お世話になりました。とかく難しいことを書いてしまいがちな筆者に、わかりやすい記述の仕方を伝授してくださったり、コラムのアイデアをくださったりと、たくさんの有意義な提案をいただきました。読者が本書を面白いと思われたなら、その手柄の多くは辻森さんのものです。なんと言っても、新書番号に素数151を選んでくださったのは、粋な計らいであり、辻森さんの素数愛が感じられる出来事でした。

2017（平成29）年　7月　小島寛之

素数づくしの年を祝いながら

●本文中に引用された参考文献

［1］黒川信重・小島寛之『21世紀の新しい数学』技術評論社、2013年
［2］加藤和也「宇宙が先か素数が先か」（『数学ゲンダイ』朝日新聞社所収）、1993年
［3］吉村仁『素数ゼミの謎』文藝春秋社、2005年
［4］黒川信重「リーマン予想の風景」（『現代思想 総特集リーマン』青土社所収）、2016年
［5］高木貞治『初等整数論講義 第2版』共立出版、1971年
［6］黒川信重『ラマヌジャン探検』岩波書店、2017年
［7］ロシュディー・ラーシェド『アラビア数学の展開』三村太郎・訳、東京大学出版会、2004年
［8］コンスタンス・レイド『ゼロから無限へ』芹沢正三・訳、講談社ブルーバックス、1971年
［9］内山三郎『素数の分布』宝文館出版、1970年
［10］エミール・ボレル『素数』芹沢正三・訳、白水社・文庫クセジュ、1959年
［11］マイケル・J・ブラッドリー『数学を拡げた先駆者たち』松浦俊輔・訳、青土社、2009年

[12] 小島寛之『世界を読みとく数学入門』角川ソフィア文庫、2008年
[13] 雪江明彦『整数論』1、2、3、日本評論社、2013-2014年
[14] 加藤岳生：量子コンピューター
http://www.a-phys.eng.osaka-cu.ac.jp/suri-g/phys1.htm
[15] 大栗博司『大栗先生の超弦理論入門』講談社ブルーバックス、2013年
[16] 小島寛之『世界は2乗でできている』講談社ブルーバックス、2013年
[17] ジョセフ・H・シルヴァーマン『はじめての数論』鈴木治郎・訳、ピアソン・エデュケーション、2007年
[18] ジョセフ・H・シルヴァーマン&J・テイト『楕円曲線論入門』足立恒雄・他訳、丸善出版、2012年
[19] 小島寛之『数学は世界をこう見る』PHP新書、2014年

●その他の参考文献

[20] 黒川信重『ラマヌジャン ζの衝撃』現代数学社、2015年
[21] 黒川信重『ガロア理論と表現論』日本評論社、2014年
[22] 黒川信重『リーマンと数論』共立出版、2016年

[23] 黒川信重『オイラー、リーマン、ラマヌジャン』岩波書店、2006年
[24] 黒川信重『リーマン予想の探求』技術評論社、2012年
[25] 小山信也『素数とゼータ関数』共立出版、2015年
[26] 加藤和也・黒川信重・栗原将人・斎藤毅『数論』I、II、岩波書店、2005年
[27] 辻雄「ガロア理論とその後の現代数学」(P・デュピュイ『ガロアとガロア理論』の第II部)、東京図書、2016年
[28] 和田秀男『数の世界』岩波書店、1981年
[29] 矢野健太郎『ゆかいな数学者たち』新潮文庫、1981年

小島寛之（こじま・ひろゆき）

1958年、東京生まれ。東京大学理学部数学科を卒業し、同大大学院経済学研究科博士課程単位取得退学。経済学博士。現在、帝京大学経済学部教授。経済学者として研究・執筆活動を行うかたわら数学エッセイストとして活躍。2006年に刊行された『完全独習　統計学入門』（ダイヤモンド社）は20刷を超えるロングセラー。ほかに、『世界を読みとく数学入門』『無限を読みとく数学入門』（角川ソフィア文庫）、『世界は2乗でできている　自然にひそむ平方数の不思議』（講談社ブルーバックス）、『容疑者ケインズ』（プレジデント社）、『確率的発想法　数学を日常に活かす』（ＮＨＫ出版）など著書多数。

世界《せかい》は素数《そすう》でできている

小島寛之《こじまひろゆき》

2017 年 8 月 10 日　初版発行
2024 年 11 月 15 日　10版発行

◆◇◇

発行者　山下直久
発　行　株式会社KADOKAWA
〒102-8177　東京都千代田区富士見 2-13-3
電話　0570-002-301（ナビダイヤル）

装 丁 者　緒方修一（ラーフイン・ワークショップ）
ロゴデザイン　good design company
オビデザイン　Zapp!　白金正之
DTP組版　株式会社フォレスト
印 刷 所　株式会社KADOKAWA
製 本 所　株式会社KADOKAWA

角川新書

ISBN978-4-04-082139-9 C0241